水文灾害

许武成 著

中国水利水电出版社
www.waterpub.com.cn

·北京·

内 容 提 要

水文灾害不是通常人们讲的"水灾"，是指水圈各水体的异常运动和变化产生的灾害。本书系统阐述了水文灾害的基本知识、基本理论和基本防治措施。全书共分为三章，第一章对灾害、水文灾害的概念、特征、分类进行了分析与阐述；第二章详细阐述与分析了洪水、涝灾、内渍、地下水位下降、冰川退缩、水体污染、淡水荒等陆地水文灾害；第三章详细论述了风暴潮、海啸、海浪、海冰、厄尔尼诺现象、赤潮、海平面上升等海洋水文灾害。

本书可供水文灾害技术、管理和决策部门参考，也可供地质学类、水利类、土木类、环境与安全类等相关专业的教师、本科生和研究生及科技人员学习参考。

图书在版编目（ＣＩＰ）数据

水文灾害 / 许武成著. -- 北京 ： 中国水利水电出
版社， 2018.11
　ISBN 978-7-5170-7162-4

　Ⅰ. ①水… Ⅱ. ①许… Ⅲ. ①水灾—基本知识 Ⅳ.
①P426.616

中国版本图书馆CIP数据核字(2018)第268611号

书　　名	**水文灾害** SHUIWEN ZAIHAI	
作　　者	许武成　著	
出版发行	中国水利水电出版社	
	（北京市海淀区玉渊潭南路 1 号 D 座　100038）	
	网址：www.waterpub.com.cn	
	E－mail：sales@waterpub.com.cn	
	电话：（010）68367658（营销中心）	
经　　售	北京科水图书销售中心（零售）	
	电话：（010）88383994、63202643、68545874	
	全国各地新华书店和相关出版物销售网点	
排　　版	中国水利水电出版社微机排版中心	
印　　刷	北京虎彩文化传播有限公司	
规　　格	184mm×260mm　16 开本　8.5 印张　202 千字	
版　　次	2018 年 11 月第 1 版　2018 年 11 月第 1 次印刷	
印　　数	001—500 册	
定　　价	**42.00** 元	

前　　言

　　水是地球上分布最广泛的物质之一，它以液态、固态和气态形式存在于地表、地下、空中以及生物有机体内，成为地表水、地下水、大气水及生物水，形成了海洋、河流、湖泊、沼泽、冰川、地下水及大气水等各种水体，这些水体组成了一个统一的相互联系的地球水圈。地球上有丰富的水，这是地球区别于太阳系其他行星的主要特征之一。水是自然环境中最活跃的因子，是一切生命活动的物质基础，是人类赖以生存、发展的最宝贵的自然资源。但是，水圈中各水体的异常运动和变化，常常给人类生命财产和生存条件带来危害，形成水文灾害。

　　水文灾害一直是人类面临的主要自然灾害。千百年来，水文灾害吞噬了亿万人的生命，造成了巨大的财产损失，严重制约着社会经济的发展。世界各地每年都要遭受程度不同的水文灾害，中国更是一个饱尝水患之苦的国家。因此，战胜水文灾害一直是人们奋斗的目标。

　　水文灾害不是通常人们讲的"水灾"，通常所讲的水灾（洪涝灾害）包括洪灾、涝灾和渍灾。水文灾害是按发生地球圈层位置或地理属性划分的一种灾害类型。水文灾害多种多样，水灾是主要的类型之一。水文灾害可以从不同角度按不同标准进行分类。根据其空间分布范围分为陆地水文灾害（洪灾、涝灾、内渍、地下水位下降、冰川退缩、水体污染、淡水荒等）和海洋水文灾害（风暴潮、海啸、海浪、海冰、厄尔尼诺现象、赤潮、海平面升高等），陆地水文灾害也可分为河流水文灾害、湖泊水文灾害、冰川水文灾害、地下水水文灾害等。

　　本书是作者十多年来从事水文灾害研究工作的总结，是全面系统阐释水文灾害的一次尝试。全书共分三章，第一章对灾害、水文灾害的概念、特征、分类进行了分析与阐述；第二、三章分别对各种陆地水文灾害、海洋水文灾害的特征、主要类型、形成机理、危害方式与防治措施等进行了论述。

　　本书在撰写过程中，参考了不少单位和个人的相关专著、教材、文章、文献等资料，在此谨向原作者表示由衷的感谢；同时感谢西华师范大学科研处、教务处、国土资源学院等单位的关心和支持。

由于作者学识水平所限，书中不足和错误在所难免，恳请学术同行专家和广大读者不吝赐教。

编者

2018 年 7 月

目　录

第一章　绪　论

地球上除了存在于各种矿物中的化合水、结合水，以及被深部岩石所封存的水分以外，海洋、河流、湖泊、地下水、大气水分和冰等，共同构成地球的水圈。其中海洋是水圈的主体，地球上的水有97％以上在海洋中。水是自然环境中最活跃的因子，是一切生命活动的物质基础，是人类赖以生存、发展的最宝贵的自然资源。但是，水圈水体的异常运动和变化，常常给人类生命财产和生存条件带来危害，形成水文灾害。

第一节　灾害的概念、特征与分类

一、灾害与灾害系统的含义

（一）灾害的定义

灾的繁体字"災"，天火下行为灾（巛、火），原指自然发生的火灾。《左传·宣公十六年》中有这样一段话："凡火，人火曰火，天火曰灾。"后来泛指各种自然灾害，如水灾、旱灾、火灾、虫灾、风灾等。"天灾人祸"是古人对灾害的概括，"天灾"涵盖各种自然灾害，"人祸"即各种人为灾害。表明中国古代已把灾害分为自然灾害和人为灾害两大类，而自然灾害则构成灾害的主体部分。因此人们说灾害时常指自然灾害。当人类社会发展到工业化时代之时，却出现了重大工业灾害、环境公害、交通事故、放射性事故等人为灾害，并且日益突出。这样，灾害的内涵与外延均被加深和拓宽。

由于研究领域或思考角度的不同，灾害（disaster, catastrophe, calamity）的定义多种多样，迄今为止还没有一个规范性解释。代表性的定义主要有以下几个。

（1）《辞海》《中国大百科全书》《现代汉语词典》中将灾害定义为：旱、涝、虫、雹、地震、战争、瘟疫等自然或人为造成的祸害。

（2）联合国减灾组织（UNDRO，1984）定义为："一次在时间和空间上较为集中的事故，事故发生期间当地的人类群体及其财产遭到严重威胁并造成巨大损失，以至家庭结构、社会结构也受到不可忽视的影响。"联合国灾害管理培训教材定义为："自然或人为环境中对人类生命、财产和活动等社会功能的严重破坏，引起广泛的生命、物质或环境损失；这些损失超出了受影响社会靠自身资源进行抵御的能力。"

（3）李永善（1986）在《灾害学》杂志创刊号"灾害系统与灾害学探讨"一文中指出："灾害的定义应有狭义与广义之分。从狭义上讲，灾害经常被理解为给人们造成生命、财产损失的一种自然事件，而且多属突发过程；从广义角度看，一切对人类繁衍生息的生态环境、物质和精神文明建设与发展，尤其是生命财产等造成或带来较大（甚至灭绝性的）危害的天然和社会事件均可称为灾害。"

（4）灾害是由某种不可控制或未予控制的破坏引起的，突然或在短时间内发生的，超越本地区防救力量的大量人群伤亡和物质财富毁损的现象（朱克文，1986）。

（5）全国重大自然灾害调研组（1990）在《自然灾害与减灾 600 问》中指出："凡危害人类生命财产和生存条件的各类事件通称之为灾害。'天灾'是指自然灾害，'人祸'是指人为灾害。"

（6）延军平（1990）在其著作《灾害地理学》中指出："灾害是指给人类生存带来灾祸的现象和过程，它包括自然灾害与人为灾害两类。"

（7）灾害是由自然原因、人为原因或二者兼而有之的原因而给人类生存和社会的发展带来不利影响的祸害。灾害并不是单纯的自然现象或社会现象，而是一种自然-社会现象，是自然系统与人类物质文化系统相互作用的产物（周祖德，1990；蒋维 等，1992）。

（8）杨达源（1993）在《自然灾害学》著作中，将灾害定义为：由反常（unusual；abnormal；perverse）（意外）事件导致人类社会遭受的损害，仅有反常事件不足以称为灾害，唯有它使人类社会遭受了损害才称为灾害。

（9）申曙光（1994）在《灾害学》专著中提出："灾害是指自然发生或人为产生的、对人类和人类社会具有危害性后果的事件与现象。在这里，我们强调灾害的后果。凡是对人类与人类社会产生危害作用的事件，不论它是自然发生的，还是人为产生的；也不论是突发的，还是缓慢的；都是灾害"。

（10）马宗晋（1998）在《灾害学导论》中认为灾害是："由于自然变异、人为因素或自然变异与人为因素相结合的原因所引发的对人类生命、财产和人类生存发展环境造成破坏损失的现象或过程。"

（11）刘树刚（2008）在《灾害学》著作中指出：所谓灾害是指某一地区，由内部演化或外部作用所造成的，对人类生存环境、人身安全与社会财富构成严重危害，以至超过该地区抗灾能力，进而丧失其全部或部分功能的自然-社会现象。其中地区承灾力是指某地区对一种或多种灾害的抗御能力、救助能力与恢复能力的综合，它反映了该地区抗御灾害的综合水平。

对"灾害"概念的认识一直存在许多误区。首先，在很长一段时间内，有些学者将"自然灾害"与"灾害"两个概念等同起来，而忽视对"人为灾害"的研究。"自然灾害"仅是"灾害"的一个类型，除了"自然灾害"以外，还包括社会灾害、经济灾害与工业灾害等人为灾害。其次就是"灾害"的衡量尺度模糊不清，危害到什么程度才可称为"灾害"？美国政府的海外救灾局（OFDA）将自然灾害定义为："受灾金额在一百万元以上或死伤人数在一百人以上。"显然，同等强度的自然灾害，按这一评估准则，不同地区的评判结果必定相差甚远。一次同等强度的地震，在发达国家足以造成百万元以上的损失，而在发展中国家造成的绝对损失要少得多，但遭到的苦难却要严重得多。

综上所述，灾害（disaster；catastrophe；calamity）可以定义为：由于自然变异、人为因素或自然变异与人为因素相结合的原因所引发的对人类生命、财产和人类生存发展环境造成危害，并超过地区承灾能力，进而丧失当地全部或部分功能的各类事件与现象。按其发生的主导因素分为自然灾害（natural disaster）与人为灾害（man-induced disaster）两大类。通常把以自然变异为主因产生的灾害称为自然灾害，如地震、风暴潮；将以人为影响为主因产生的灾害称为人为灾害，如人为火灾、生产事故、交通事故、生活事故、环境污染等。

任何灾害都有两种基本要素，即导致灾害发生的各种诱因和承受灾害的各种客体。前者称为致灾因子（hazard - formative factor），后者称为承灾体（hazard - affected body）。自然灾害和人为灾害的承灾体都是人类和人类社会，但是致灾因子分别以自然因素和人文因素为主。灾害是致灾因子（灾源）与承灾体的对立统一体。只有当致灾因子异变强度超过承灾体的承受力，打破承灾体内有序结构，出现灾情时，方能称为灾害。例如，洪水和区域积水是洪涝灾害的直接原因和致灾因子，为洪涝致灾提供了必要条件之一，有水方能成灾。但其本身是一种自然现象，无所谓灾害问题。但自从地球上有了人类和人类社会以后，洪水和区域积水的纯自然性质改变了，被赋予社会性和社会经济性，即发生了利害关系。可见，洪涝灾害是由致灾因子（洪水和区域积水）作用于承灾体（人类和人类生态经济系统），并超过人们正常的抗御能力时形成的。又如，崩塌、滑坡、泥石流等，它们本身是部分坡地物质在给定的条件下，以这几种运动方式进行的自然运动，在人类出现之前的地质时期以及人类尚未涉足的荒野地区的地貌发育过程中，始终存在着这几种运动方式进行的部分坡地物质的自然运动，只有当它们摧残了其物质运动所及范围内的人员、城镇村舍、农田、道路桥梁和其他工程设施等，给人类社会造成了一定的损害，才分别形成崩塌灾害、滑坡灾害、泥石流灾害。可见，灾害的本质是给人类造成损害（生命伤亡、物质财富的毁损、精神上的损害）的自然或人为事件与现象。

（二）灾害系统

灾害系统是由孕灾环境、致灾因子、承灾体和灾情共同组成的具有复杂特性的地球表层变异系统。它是地球表层系统的重要组成部分。

1. 孕灾环境

孕灾环境是由大气圈、水圈、岩石圈、物质文化技术圈（人类文化圈）所组成的综合地球表层环境，但不是这些要素的简单叠加，而是体现在地球表层过程中一系列具有耗散特性的物质循环和能量流动以及信息与价值流动的过程-响应关系。从广义角度看，孕灾环境的稳定程度是标定区域孕灾环境的定量指标。这就是为什么只有用全球变化、区域环境演变的研究才能深入揭示灾害系统动态以及动力机制的根本原理。地球表层的孕灾环境对灾害系统的复杂程度、强度、灾情程度以及灾害系统的群聚与群发特征起着决定性的作用。

孕灾环境的区域差异决定了灾害时空分布特征的背景。任何灾害都发生在一定的孕灾环境中。例如，各大江河流域是洪涝灾害的易发区，滑坡和泥石流则多发生在植被破坏较严重或地质条件不稳定的山区，旱灾则出现在降水量偏少且人类需水较多的地区（农业、工矿企业及城镇等），风暴潮灾只发生在沿海地区等。孕灾环境状况的变化，往往能直接影响到灾害发生的频率、强度及损失情况。例如，大规模的植树造林、种草，扩大植被覆盖率，能有效地保持水土，改善局地气候，减少水旱、水土流失、滑坡、泥石流等灾害；反之，对森林乱砍滥伐，则会加剧水土流失，使各种灾害增多，大量的水利工程设施能部分改变水的时空分配环境条件，也有利于减轻水旱灾害；沿海岸的生态护岸（红树、米草等）可以起到促淤、消浪护堤作用，减少风暴潮的危害；各类建筑物及生命线工程的设防加固，也是对孕灾环境某些环节的改善，虽不能减少地震的发生及其强度，但能有效地减少次生灾害、人员伤亡和财产损失。所以，人们能够对孕灾环境的一些环节施以某种积极的影响，这是减轻灾害的一个重要方面。

孕灾环境是由自然与社会的许多因素相互作用形成的，各种因素之间有着非常复杂的响应、相关、反馈、连锁等过程，任何一个环节的改变都可能导致整体系统状态的变化。这一方面为改变局部因素而使整个环境系统向良性化方面发展提供了机遇；另一方面人类超大型工程和改造自然的计划，也存在使孕灾环境恶化的可能，这个问题需要予以特别的重视。

2. 致灾因子

致灾因子是指可能造成财产损失、人员伤亡、资源与环境破坏、社会系统混乱等孕灾环境中的异变因子。致灾因子大多是自然界物质能量交换过程中出现的某种异常，它们导致强大自然力的突然释放，如地震、台风等；或者使某种自然现象时空规律的异常变化，如降雨失时所招致的干旱、通常多雨地区内发生少雨和通常少雨区内发生多雨，将分别发生干旱和洪涝等。致灾的自然因子分别存在于外层空间、地球内部、大气圈、水圈、岩石圈和生物圈。与自然规律不协调的人类活动也是一种致灾因子，水土流失、沙漠化、土壤盐渍化以及环境污染等渐进性灾害，一般都是人类活动引起的，或者至少是由于人类活动而加剧的。灾害的致灾因子可以存在于天外，如陨石击中地面上经济发达、人口密集地区；也可存在于地球内部，如对人类造成巨大灾害的强烈地震和火山喷发；但大多数致灾因子存在于地球表层，即大气圈、水圈、生物圈和浅表岩石圈中。

3. 承灾体

承灾体是致灾因子作用的对象，通常是指人类所创造的物质财富和人类本身，如人口、城镇、道路、厂矿、农田、牧场、林场、水库、仓库、居民点、学校等，广义的承灾体还包括森林、草原、矿藏等各种自然资源。需要指出的是，人类既是承灾体，同时又可成为致灾因子，如人为灾害、环境灾害中的人为过度利用等。由于各地承灾体不同，同样强度的致灾因子造成的灾情可相差悬殊。

4. 灾情

灾情是指在一定的孕灾环境和承灾体条件下，致灾因子（灾源）与承灾体相互作用发生灾害而导致某个区域内一定时期生命和财产损失的情况。它是孕灾环境、承灾体、致灾因子综合相互作用的结果，是对灾害社会属性的度量。

灾情可以划分为直接灾情和间接灾情。前者是致灾因子直接作用于承灾体的结果，常表现为财产的损失和人员的伤亡；后者是由于直接灾情发生后引起一定范围内社会经济系统的一系列反应，其结果表现为社会系统失稳、生产系统失调、生命线系统失控，形成灾后的灾情链，它所造成的损失和给人类带来的影响甚至比直接损失更为严重。

二、灾害的基本特征

灾害之所以称为灾害，是因为它对人类生存环境、生存空间与社会财富构成严重威胁，造成大量人员伤亡、物质财富损失以及严重破坏人类生存环境。因此，衡量是否成为灾害，仅以灾害强度（几级地震或多大流量的洪峰等）而论是不够的，必须强调灾害的最终结果，即损害是否超过该地区承受能力，该地区是否丧失其全部功能或部分功能。灾害最根本的共同点就是对人类与人类社会造成危害作用，离开人类社会这一承灾体，就无所谓灾害。灾害并非是单纯的自然现象或社会现象，而是自然-社会现象，兼有自然与社会双重属性。

（一）灾害的基本属性

1. 灾害的产生及其基本属性

从哲学上讲，灾害是自然生态因子和社会经济因子变异的一种价值判断与评价，是相对于一定的主体而言的。灾害是指这种变异对这种主体的有害影响，离开这一主体，无所谓害与利。这个主体就是人类和人类社会。撇开这一主体，不存在灾害这个概念。所谓的纯自然灾害只不过是自然生态系统的一些运动过程和现象。在人类产生的漫长年代里，地球系统（包括地球表层空间的大气）完全按照自己固有的规律演化和发展。在这种演化和发展过程中，地壳运动和大气运动起着至关重要的作用。地震、火山喷发、滑坡、山崩、泥石流、海啸、陆沉、干旱、热带气旋、暴雨、洪水和冰雹等频频发生，但是，这些不是灾害事件，而是地球系统演化和发展的动力、机制与方式。地球系统正是通过漫长年代的各种变化，逐步形成适宜于生物形成和生存的环境条件，产生了各种生物乃至人类本身。人类和人类社会的产生和发展并不能根本改变地球系统的自然进程，也不能在多大程度上改变地壳运动和大气运动。但是，人类和人类社会的存在却改变了这些运动的纯自然性质，赋予它们社会性和社会经济性。地震、火山喷发、山崩、滑坡、泥石流、海啸、陆沉、干旱、热带气旋、暴雨、洪水和冰雹这些原本自然的、正常的现象由于对人类和人类社会产生某些不利性后果而被称为灾害。由此可见，灾害产生于自然生态环境和社会经济环境，兼有自然与社会双重属性。从灾害形成的原因来看，不仅有自然生态因素的作用，也有社会经济因素的作用，这两类因素相互交织、协同作用，形成新的灾害或加剧原有的灾害。

2. 灾害的后果及其基本属性

灾害是指对人类和人类社会产生危害性后果的事件。这种危害是多方面的。灾害造成人员伤亡；灾害破坏工农业生产和交通运输等国民经济各部门；灾害引起巨大的经济损失，破坏城市建设，从而阻碍社会的进步和文明的发展。因此，灾害的后果具有社会经济性质。

尽管灾害专指对人类和人类社会产生危害性后果和事件与现象，但灾害的后果不仅仅是如此。灾害还可以对自然生态系统产生各种影响。例如，地震、滑坡和泥石流的发生能够改变地质地貌状况，使自然环境产生深刻的变化；暴雨、洪涝、干旱、环境污染和资源衰竭等灾害对土壤、各类水体、大气和生物系统产生影响，改变生态系统的结构与功能；森林火灾还会改变森林生态系统的演化进程。因此，灾害的后果具有自然生态性质。

灾害对社会经济和自然生态不是孤立、分别地产生作用，而是综合性的。这两种影响又可以相互重叠、交织，产生进一步的影响。例如，人类活动产生过量二氧化碳气体，这些气体对大气产生作用，形成温室效应；温室效应又改变全球气候状况，产生和加剧各类气象灾害，对社会经济发生影响。这就是人类活动产生具有自然生态后果的人为灾害。这些自然生态后果又产生各种自然灾害而进一步影响社会经济的复杂过程。

由上述分析可知，灾害后果具有自然生态和社会经济双重性。

（二）灾害的基本特点

灾害是一种过程，也是一种现象，具有自己的特性。在这里，灾害特性是指由各类灾害所组成的灾害总体的特性，即各类灾害的共同性质，而不是单个灾害种类的特征。

1. 有害性

灾害种类繁多，其成因、过程、特性、发生的方式及后果的强度千差万别，但有一个最基本的共同点，就是对人类和人类社会产生危害作用，包括对人类生命和物质财产的危害、对人类生活环境与生态环境的破坏。例如，1968—1973 年非洲萨赫勒地区发生持续 6 年的干旱，由于缺少粮食和牧草，牲畜被宰杀，因饥饿致死者超过 150 万人；1976 年 7 月 28 日，中国唐山地震，震级为里氏 7.8 级，死亡 24.2 万人，重伤 16.4 万人；2008 年 5 月 12 日四川大地震，震级为里氏 8.0 级，截至 2008 年 10 月 8 日，四川省遇难人数达到 69227 人，失踪 17923 人，受伤 374640 人，受灾 4624 万人，重灾区面积达 10 万 km^2，经济损失超过 10000 亿元。

随着人口的剧增、资源的不合理利用、环境的破坏、经济资产密度的加大、城镇人口的密集化以及致灾因子的增多和增强，自然灾害发生的数量、频度、强度和造成的损失不断增多增强。防灾工程的兴建、减灾措施的实施以及政府对有关灾害的救济、低息贷款和保险补助等政策的执行，给人以产生安全的错觉，刺激了人口和经济向洪泛区、地震活动区、滑坡多发区等灾害易发生区迁移，使得人们冒险行为增加，这样反而加重了灾害的实际损失。

2. 灾害的普遍性与恒久性

灾害是天文系统、地球系统和人类社会经济系统物质运动的一种特殊形式。而这些系统的物质运动具有普遍性与恒久性，因此灾害天地生系统中普遍发生，不断地发生。

人类的发展史就是人类与灾害抗争的历史，灾害与人类相伴相生。人类社会的发展历史已经证明了灾害的普遍性与恒久性，历史的发展也将证明这一点。在各方面都取得长足进步的当今世界，灾害不但没有减少、减弱，反而越来越多、越来越严重。可以预见，随着社会的发展，还会有新的灾害出现。这一点完全符合天地生系统的发展规律。物质世界变得越来越复杂，在其有序化程度增高的同时，无序化也越来越强。只不过，在灾害加剧的同时，人类对灾害的防治水平也越来越高。

灾害的普遍性与恒久性在实质上是一致的，都是指灾害发生的必然性。这种必然性在时间序列上表现为恒久性，在空间序列上表现为普遍性。

灾害的普遍性与恒久性在客观上要求人们充分认识灾害发生的必然性，并持之以恒地开展灾害防治工作。

3. 灾害的多样性与差异性

世界上的灾害多种多样，并且这些灾害在形成的原因与机理、产生的过程、方式与后果及其影响所及的时空范围等方面都存在着极大的差异。这就产生了灾害的多样性与差异性。

即使是同一种灾害，其形成的原因及过程、后果在不同的时空范围内也是不同的，具有明显的多样性和差异性。例如，泥石流可以由冰川活动引起，也可以由暴雨洪水引起，还可以由地震引起，这些不同途径形成的泥石流在其后果方面差异很大。

成因相同或相似的灾害可以有不同的后果。暴雨、冰雹、龙卷风和雷暴大风都是强对流灾害性天气。它们有许多成因上的共性，如天气尺度比较小、生命史比较短，都出现在大气场具有气旋性涡旋的区域内，低空非常潮湿，风向和风速有明显的垂直切变，还要求有较强的中尺度融化机制等。但是，它们引起的后果却很不一样。暴雨在某一地区持续着，会引起洪涝水灾，造成人员伤亡和物质毁损；而冰雹的主要后果是砸烂成片的农作物；雷暴大风和龙卷风则主要是造成建筑物的破坏。

不同灾害在其后果影响所及的时空范围方面差异极大。一次雷电灾害的影响范围一般较小，而一次地震灾害、洪涝灾害影响的范围往往很大，一次干旱或世界大战的范围更大。同一种灾害的不同事件所波及范围也可以相差很远。一次洪涝灾害可能影响几个村庄，也可能影响几个乡镇，或者影响几个县市，还可能影响几个省或几个国家。灾害影响范围的差异也反映了灾害发生方式与强度的差异。

灾害的多样性与差异性是造成灾害复杂性与模糊性的一个重要因素。这就要求人们对各类灾害进行分门别类的专门研究，在此基础上才可能进行灾害总体的研究。

4. 灾害的全球性与区域性

灾害的全球性是指灾害在地球的每一个角落都可能发生。有人类居住的任何一块地方都不能逃脱灾害的袭击。人类掠夺性开发造成的全球范围内的自然资源枯竭、乱砍滥伐森林所造成的水土流失、滥垦草原造成土地沙漠化与物种灭绝等资源型环境灾害，以及"温室效应"与酸雨等污染型环境灾害的危害性后果已遍及世界各个角落。

灾害的区域性是指灾害发生范围的局限性。从空间分布上看，任何一种灾害，其发生和影响范围都是有限的，都有其特定的分布区域。火山和地震主要集中在板块交界地带。中国的旱涝灾害最严重的地区是海河平原，其次是黄淮平原、东北平原和海南岛南部，且多发区随季节的交替而变化。中国的暴雨也表现出明显的区域性，主要发生在从辽宁半岛南部起，沿燕山、阴山经河套、关中、四川到广西这条界线以东以南地区。我国的沙漠化灾害主要发生在西北、东北和华北的部分地区，在沿海地区几乎不存在此种灾害。其他灾害，如台风灾害的区域性也很明显。地球由于气候带的存在，土壤、水文、生物分布因此具有地带性，有害生物的分布与危害因此具有明显的区域性。

灾害的区域性与全球性并不矛盾。灾害的区域性是就单个灾害种类而言的，而灾害的全球性是就各种灾害即灾害总体而言的。灾害的全球性说明了地球上任何一个地方都有可能发生灾害，而并不是说任何一个地方都会发生所有的灾害；灾害的区域性说明了单个灾种总是发生于一定的地方，而不能发生于所有的地方。可见，二者具有一致性。

灾害的全球性源自灾害的普遍性与恒久性，而灾害的区域性是由于灾害的形成同任何其他事物、现象的发生与形成一样，需要特定的条件（特定的发生基础、诱发因素和成灾条件）。只有特定的地区，具有特定的条件，因而发生特定的灾害。例如，台风只发生在热带高温洋面上，其中尤以北太平洋上发生最多，因此台风灾害只危害这些地方的沿海国家。之所以形成这种现象，是由于这些地区的环境满足台风发生的必需条件，即具有高温高湿、强烈对流、强烈旋转和强大风力的天气系统。

不同灾害的区域性强弱不同，因为它们对各种条件要求的范围与严格性不同。研究灾害的区域性是认识灾害的一条重要途径，因为不同灾害的区域性特征与其形成的原因、机理和过程密切相关。

5. 灾害的随机性（不重复性）与可预测性

灾害的随机性是指灾害发生、发展与演变的时间、地点、强度与范围等因子的随机不确定性，它决定了灾害发生的时空范围与强度的不可预知性。灾害的随机性源于灾害形成环境与致灾因子在时空范围与强度等方面的不确定性以及灾害的模糊性、多样性与差异性。例如，台风灾害的发生，由于台风环境条件和台风本身状况的突变，台风路径经常发生急剧折向跳跃、停滞、旋转和摆动，台风强度也会出现突然加强或减弱的现象，这就导致台风侵扰地区、时间和强度的随机性。

这里阐述灾害的随机性时，用了"似乎"这样的字眼。这是因为，灾害本身的发生和发展过程是具有规律性的，是可以预测的。只是限于目前人类对各种灾害还不完全了解，不能准确地把握一切时刻和一切地区的各种灾害的形成与发展过程，灾害的发生对人类而言具有随机性。

灾害可预测性的一个具体表现就是灾害的前兆。各种灾害都有一定的前兆，称为灾兆。例如，在发生地裂和地陷前，地中会首先冒烟、冒气，并发出雷鸣般的声音，或地面产生变形。地震灾兆较多，如地下水温的反常变化，动物行为异常，产生地声、地气、地光、地变形，并发生地磁、地电和重力的异常。

滑坡也有灾兆。最常见的是坡体顶部先裂开口子和临滑前发出的响声。另外，还有以下灾兆：人感到山动、崖边掉土或小部分岩崩、山坡附近的洞孔变形、滑坡体附近泉水变浑、山坡冒气。

火山灾兆也较多。例如，地下的轰鸣，地震、山崩、泉水增减或枯竭，地裂缝，地形变，气体和热液的溢出。以地震最为常见。1883 年 8 月印度尼西亚喀拉喀托火山大喷发前，在苏门答腊和爪哇岛沿海一带发生了强烈地震，地震引起的海啸浪高达 30m 以上。1912 年 6 月 6 日，阿拉斯加的卡特迈火山大喷发，在此前几天就有强烈地震发生。

冰雹的前兆也就是冰雹云的特征。冰雹云的特征是：雷声沉闷，延续不断，有点像磨房的推磨声；云的颜色是黑云黄边或黄云翻动；云中的闪电多是横闪，且闪电活动比其他雷雨云频繁得多。

至于暴雨洪涝、干旱、自然资源衰竭、环境污染、战争等灾害，因其过程性明显，从形成到成灾这一过程的时间较长，灾兆很多。

可见，灾兆实质上也是各种各样的物质运动，因此是可以研究和掌握的。正是利用灾害的前兆，人们在与灾害作斗争的历史上已经多次成功地对灾害的发生作出预测。1975年中国海城发生里氏 7.3 级地震，因事先根据震兆作出了准确预报，只死亡 1328 人（与此对照，1976 年唐山里氏 7.8 级地震造成了 24.2 万人死亡）。1985 年长江三峡新滩发生大滑坡，因事先作出了准确预报，及时撤离灾区居民，未造成大的伤亡。

如果人类对于灾害毫无认识，即使是灾兆客观存在着（事实也如此），灾害对于人类来说也是完全随机的、不可知的和无法预测的；相反，如果人类社会的科学技术已经发展到了这样一个水平，对于各种灾害的成因、机理与过程都能彻底地了解和掌握，则可以及时地对各次灾害事件作出预测预报。因此，灾害的随机性与可预测性是相对于人类的认识水平而言的，并可相互转化，具有对立统一的关系。

6. 灾害的突发性与迟缓性（缓发性）

从时间序列上看，灾害形成的过程有长有短、有缓有急。即有两种表现形式：一是突然暴发；二是缓慢形成。

突然性灾害是指当致灾因子的变化超过一定强度时，灾害行为只在短时间内（几天、几小时、几分钟甚至几秒钟）表现出来的灾害，如地震、洪水、台风、冰雹、泥石流、龙卷风、火灾、交通事故和爆炸事故等。这类灾害常常在人们尚未意识到的时候突然降临，过程迅速，使人猝不及防，因而往往造成大量的人员伤亡和巨大的经济损失，即带来惨重的后果。地震的发生过程一般只有数秒或几十秒，在这短短的时间里可造成无数建筑物的倒塌和人员伤亡。龙卷风发生的突然性也相当强，其过程一般只有几分钟或几十分钟。台风因其中心风速大，移动也快，所造成的灾害也具有明显的突发性，往往在几个小时内即可摧毁大量房屋、建筑、铁路和桥梁等，导致大量伤亡和严重经济损失。

迟缓性灾害（缓发性灾害），是指在致灾因子长期发展的情况下逐渐显现成灾的灾害，如干旱、水土流失、土地沙漠化、环境污染、房屋建筑的逐渐老化、资源衰竭等灾害以及地球动力灾害（如海平面升降、地质冰期、地磁场长期变化等），它们都是在一段较长的时间范围内逐渐形成，有着明显的过程性。迟缓性灾害（缓发性灾害）影响范围广泛，持续时间比较长，尽管发展缓慢，若不及时加以防治，同样也能造成巨大的经济损失甚至人员伤亡。

显然，自然灾害系列和人为灾害系列中都有突发性灾害和迟缓性灾害。从灾害本身来看，突发性灾害也有其"迟缓性"，其形成也是有过程的，只不过这些灾害在形成过程中不能或难以被人们所察觉，或难以被直观地察觉。当然，随着科技的进步、社会的发展，对灾害和灾害的发生与发展的认识越来越深刻、细致，突发性灾害在其形成的早期阶段即能被察觉，因而也会失去其"突发"性。

同样，迟缓性灾害也有其突发性。迟缓性灾害在具有一定的强度和广度之前，未造成严重后果，难以被人们所察觉，待其强度和范围"突然"扩大到一定值，其后果明显，引起人们的注意，于是才认识到这种灾害。可见，在这种灾害面前，人们很容易丧失警惕。譬如，环境污染问题中的农药污染灾害就是这样。自西方工业革命以来，农药的使用逐渐广泛。最初这一技术被认为是完全"革命的"先进技术而备受赞赏，因为它确实为农业生产的发展立下了汗马功劳。但是，随着农药的使用越来越广泛，动植物、农田和农产品受到强烈的污染，人们的身体健康受到极大伤害，直到这时人们才公认农药的过量使用也是一种灾害。其实，在农药一开始进入农业生产领域时，农药的污染就存在了，只是强度不大、范围不广，未引起人们的注意而已。时至今日，农药的污染成为世人皆知的事实，但为时已晚，消除这一灾害已困难重重——农药的广泛使用造成了农业害虫和病菌抗药性的增强，迫使人们不断增加农药剂量，即形成了农业对农药的依赖性。要消除或避免这种灾害必须花费巨大的代价。

7. 灾害的迁移性、滞后性与重现性

灾害的迁移性是指发生于甲地的灾害能对乙地产生后果；灾害的滞后性是指灾害发生后，其后果不一定全部立即显现出来，有些后果可能会经过一段时间之后才能显现出来；

灾害的重现性是指同一种灾害会在同一地方多次地反复出现。

（1）灾害的迁移性。蝗虫在一地发生后，常常成群迁飞，危害其他地方的农作物；台风在高温洋面上形成，常常会突然登陆，在陆地上产生危害作用；洪水常在山区或河流上游形成，但对平原和下游地区的危害比对山区和河流上游地区更大；河流上游地区的污染往往造成下游地区污染事故；海啸不仅对发源地附近海岸带造成损失，还对源区非常远的地方造成危害。酸雨常常出现长程迁移现象。例如，陕西安康地区近年来发生酸雨频率高达 24% 左右，然而当地并无大气污染源，追溯其污染源则是从超过 200km 以外的四川省达州地区而来，这是大气运动的结果。国外废气排放以高架源为主，其酸雨灾害的长程迁移性更普遍。在挪威，每年因酸雨沉降而造成数亿美元的经济损失，但其污染源主要不在本国。挪威大气中硫酸盐的 80% 来自 2000km 外的德国和瑞典；在加拿大东部地区，每年要承受 $4 \times 10^9 kg$ 的二氧化硫的侵蚀，大片森林因此而被毁坏，大批湖泊因此而酸化，而美国则是这些二氧化硫的主要制造者。

（2）灾害的滞后性。人为造成的环境污染的后果往往滞后显现。各种有毒物质通过各种途径最后进入人体，但并不立即产生危害作用，而这需要通过逐步积累，当毒物达到一定数量和浓度时，才对人体健康和生命构成重大威胁。

（3）灾害的重现性。地震、滑坡、泥石流、雪崩和火山喷发等地质地貌灾害表现出明显的重现性，它们总是发生于特定的地区，这些地区的地质状况和地貌形态与结构适宜于它们的发生。火山在同一山口可一再爆发，世界上各地都有死火山"复活"的事件，死火山"复活"比活火山一再爆发往往带来更大的灾难。台风、暴雨、洪涝、干旱、冰雹等各种气象灾害也具有强烈的重现性。这是由于天气与气候要素在一个地方进行周年或其他周期性变化的结果。

灾害的迁移性、滞后性和重现性都是关于灾害成因与后果相对关系的规律。灾害的迁移性是灾害在一地形成，在另一地产生危害，即成因与后果在空间上相分离；灾害的滞后性是指灾害在此时形成、爆发，后果在以后显现，即灾害的成因和后果在时间上相分离；灾害的重现性是指灾害在此时发生，但灾因未除，因而又在以后再度多次出现，即同一成因产生多次性后果。灾害成因与后果的相对关系的规律在客观上要求我们必须有针对性地、因时因地制宜地分析每一种灾害的性质，掌握其发展变化规律，从而进行有效的灾害预防与治理。

8. 灾害的群发性和连发性（相关性）

自然灾害的发生往往不是孤立的，各种灾害常常在某一时间段或某一地区相对集中出现或相继频繁发生，形成"众灾丛生"的局面，这种现象称为灾害群发性。自然灾害的空间分布有的集中呈带状，叫灾害带，有的集中呈面状，叫灾害区。灾害群发的那一时段、地区，则称为灾害群发期（区）。例如，17 世纪中国华北地区发生了一次后果惨重的灾害群发事件，这一时期各种灾害接踵而来，频繁发生。17 世纪是华北地区近 2000 年来最强烈的一次地震活跃期，又是近 3000 年来气候最为恶劣的时期。在这种情况下，地震、干旱、洪涝、尘灾、蝗灾、疫灾、雪灾、严寒、饥荒接连不断，频繁发生，形成一次典型的灾害群发。20 世纪 70 年代也是一个自然灾害群发期，旱灾、水灾、农作物病虫害、滑坡、泥石流、风暴潮等灾害接连发生，1976 年发生了唐山 7.8 级和滦县 7.1 级地震及震群。任振球等（1986）指出，在近 6 亿年以来地球四大圈的异常事件至少存在 6 种时间尺度的准周期的群发现象，并且它们都发生在天文参数相应变化的情况下。地球系统各圈层的自然灾害群发性特征，特别是那些长时间尺度的群发现象，在地层记录中均存在明显的记录。由于致灾因子和承灾体在时间上的不规则性和在空间上的不均匀性，结果造成灾害在时间与空间上的相对聚集和分散现象，使灾害在时间上时而众灾丛生，时而平静少发；在空间上有的地区多灾，有的地区无灾。在某一时期集中多灾的现象，便称灾害的群发性。

许多灾害，特别是等级高、强度大的灾害发生以后，常常诱发出一连串的次生、衍生灾害。这种现象叫做灾害的连发性或连锁性，这一连串灾害就构成了灾害链。例如，地震往往带来火灾、海啸、滑坡、瘟疫以及社会动荡；飓风往往带来暴雨、洪水及火灾；大旱还可带来蝗灾和火灾等。在灾害链中最早发生的起主导作用的灾害称为原生灾害；而由原生灾害所诱导出来的灾害则称为次生灾害；至于自然灾害发生之后，破坏了人类生存的和谐条件，由此还可能导生出一系列其他灾害，这些灾害泛称为衍生灾害。灾害链可以分成串发性灾害链和并发性灾害链，由某一原生灾害诱发一连串（系列）次生灾害形成串发性灾害链，由同一原因同时诱发多种其他灾害形成并发性灾害链。

灾害链还可分为因果链、同源链、混合链、互生链和互斥链 5 种。台风造成暴雨洪涝，洪涝又导致生态环境破坏，这种由先一灾害诱发后一灾害或为后一灾害的发生提供有利条件，形成因果链。因果链又叫做次生链，因为后一灾害系由前一灾害次生而成的。因果链中的次生灾害的发生有的有潜伏期，有的则没有。例如，地震可直接造成滑坡，也可造成山地震松，后来遇暴雨形成滞后滑坡。因果链可以有多个成员，而不止两个成员。例如，台风造成暴雨，引起洪涝，进一步产生滑坡，引发泥石流，形成多节因果链：台风→暴雨→洪涝→滑坡→泥石流。

由同一原因而引发多种灾害形成同源链。例如，在太阳活动峰年，因磁暴或其他原因，心脏病人死亡增多，地震也增多，有时气象灾害也较多。又如，大旱既可引起森林火灾，又可引起蝗灾和土地沙漠化。同源链又叫伴生链，即几种灾害相伴而生。

若一条灾害链既有因果链，又有同源链的环节，则称为混合链，如台风→风灾→风暴潮→建筑物破坏→无家可归，台风→暴雨→洪涝→崩塌、滑坡、泥石流等。

若几种灾害之间相互引发可形成互生链，如滑坡←→泥石流、地震←→火山爆发。

互斥型灾害链是指某一种灾害发生后另一灾害就不再出现或者减弱的情形。民间谚语"一雷打九台"就包含了互斥型灾害链的意义。历史上曾有大雨截震的记载，这也是互斥型灾害链的例子。

9. 灾害后果的双重性

灾害的后果具有双重性。即对人类和人类社会而言，某些灾害既能产生破坏性作用，也有可能产生有利的作用。即有可能增加社会物质财富，改善人类的生态环境和生活环境，甚至增强人类生命的安全性。

在地球系统发展的最初阶段，就已经具有地震、滑坡、陆沉、干旱、暴雨、台风、冰雹、泥石流、森林大火等现象。由于人类还没有产生，它们不是灾害，而是"自然的""正常的"现象；但是，人类的产生却改变了这一点，由于它们对人类的某些方面具有不利性，因而由自然的、正常的事件转变为"灾害"。但是，尽管如此，灾害也不是纯粹的"灾害"。由于灾害事件的多向性（多后果性），它的某些后果可能有益于人类。同样一种后果，可以由低科技水平时期的有害性转变为高科技水平时期的无害性甚至有利性。例如，地壳的演化过程形成和提供了人类不可或缺的、赖以生存的资源与环境。地震，作为地壳运动中最凶猛的灾变过程，可以使人类经过上百年苦心经营建立起来的城市毁于一旦，使成千上万无辜的生命消亡于一瞬间，是一种危险性极大的灾害。但是，地震也有其有利的一面。它可以使深埋于地下的矿藏和贵重元素上移到人类可以开采的地表与地面层；它还可以将高山夷为平地，湖泊化为陆地；还可以构建溪沟、河流，从而形成可供人类栖息的环境。

台风是我国沿海地区一种主要的自然灾害，每次台风都会带来重大的经济损失，有时还会造成人员伤亡。但是，正是由于台风每年都带来充足的雨水，使沿海许多地区，特别是近海的广东珠江三角洲成为举世闻名的鱼米之乡。此外，台风带来的雨水对解除内陆部分地区的伏旱也有重大的意义。

在洪涝年度里，水库蓄水多，相应地水力发电量大。伏旱的高温对水稻等作物的快速生长发育具有一定的好处。寒潮带来的大雪覆盖于越冬作物上，可保证作物的安全越冬并杀死害虫病菌，有利于来年的农业丰收。

与自然灾害一样，某些人为灾害也可能产生有利于人类的作用。比如，温室气体二氧化碳浓度的升高在一定程度上有利于农业生产，二氧化碳浓度升高会增强作物的光合作用，使作物的生长期缩短，一年中作物可栽植期延长，提高作物的单产。

研究灾害后果的双重性，并不是要淡化对灾害危害性的认识，而是要根据灾害固有的特性和规律性，在进行灾害的防治过程中避害趋利、抑害扬利，甚至化害为利。必须认识到，灾害后果的不利性作用总是大于其有利作用；否则，即不称其为灾害。

三、灾害分类

（一）灾害的成因分类

灾害分类是一个较为复杂的问题。人们从不同角度、不同目的出发，有多种分类方法。根据成因，灾害主要有"二元分类法"和"三元分类法"。

1. 灾害成因的二元分类方案

从人类整个历史上来看，造成灾害的主要原因来自两个方面：一是自然因素；二是人为因素。根据灾害发生的主导因素可将灾害分为自然灾害（natural disaster）与人为灾害（man-induced disaster）两大类，即灾害成因的二元分类法。通常把以自然变异为主因造成人员伤亡、财产损失、社会秩序混乱、资源环境破坏等事件或现象称为自然灾害，或"天灾"。如地震、滑坡、洪水、海啸等；将以人为影响为主因造成的灾害称为人为灾害或"人祸"，如战争、内乱、人为火灾、生产事故、交通事故、生活事故、环境污染等。

自然灾害的致灾因子可以是纯自然作用，也可以是由人类活动所诱发的自然作用。例如，地震、滑坡、泥石流等灾害主要是由自然作用造成的，但是水库蓄水等人类活动也可能诱发地震，而大多数滑坡、泥石流灾害都与人为改变山坡形态和覆盖状况有关。过量采伐森林引起的水土流失、过量开采地下水引起的地面沉降等灾害显然是由人类活动造成的。但是它们的发生与发展过程仍然受到自然规律的控制。

申曙光（1994）把灾害按成因分成自然灾害和人为灾害两大类。把自然灾害分成地质灾害、地貌灾害、气象灾害、生物灾害、天文灾害；把人为灾害分成生态灾害、工程经济灾害和社会生活灾害，如图1.1所示。

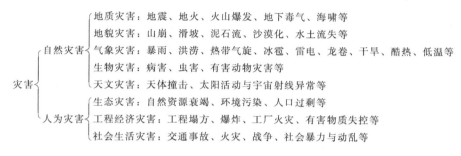

图 1.1　灾害成因二元分类体系

自然灾害和人为灾害之间没有绝对的界限，许多灾害的起因可能是自然诱发的，也可以是人为引发的，或者两者同时兼有，由自然与人为因素共同作用产生的灾害，如水土流失、土地沙漠化、火灾、病虫害等灾害的形成既有自然因素的作用，又有人为因素的影响。

2. 灾害成因的三元分类方案

曾维华等根据成因将灾害分成自然灾害、人为灾害和自然-人为灾害（环境灾害、准自然灾害、混合型灾害）（表1.1）。自然-人为灾害是由自然与人为因素共同作用产生的灾害，即在纯自然灾害与人为灾害两大极端灾害现象间有若干过度态，有的学者称为环境灾害，有的学者又称为混合型灾害、准自然灾害。由图1.2可知，不同的灾害类型中人为的可控性不同。图中两条曲线的变化表明，自然灾害的人为可控性最小，曲线的变化幅度最窄；人为灾害的可控性最大，曲线的变化幅度最宽；环境灾害的可控性居二者之间。

表 1.1　以成因为标志的灾害三元二级分类体系（曾维华、程声通，2000）

灾害类型	灾　种
自然灾害	陨石与太阳风等天文灾害；旱灾、飓风、暴雨、龙卷风、寒潮、热带风暴与暴风雪、霜冻等气象灾害；洪水与海侵等水文灾害，地震、火山、滑坡与泥石流等地质灾害；以及病虫害与瘟疫等生物灾害等
环境灾害	资源枯竭，重大环境污染事故、酸雨、水土流失、土壤沙化、温室效应、臭氧层破坏、物种灭绝，以及人为诱发地震、滑坡、泥石流与地面沉降等人为地质灾害等
人为灾害	战争、犯罪与社会动乱等政治灾害；人口爆炸、能源危机与经济危机等经济灾害；计算机病毒、交通事故、空难、海难与火灾等技术灾害；社会风气败坏与文化技术落后等文化灾害

从灾害的形成机制来看，无论是发生原因还是表现形式显然可以归属为两大类：一是自然类；二是社会类（人为类）。另外，环境中也存在着许多由人类作用所导致的灾害，这类灾害是人类与自然相互作用的结果，同样是影响环境中自然作用力。因此，灾害可以分为三大类，如图1.3所示。

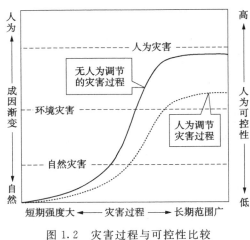

图 1.2 灾害过程与可控性比较
（张丽萍、张妙仙，2008）

（1）自然灾害。自然灾害的分类有很多，目前尚不统一，然而从成因上看，自然灾害是由于天文系统以及地球和它的各个圈层运动变化引起的，因此可分为天文灾害和地球灾害两类。

天文灾害是指来自地球以外宇宙天体和太阳系的变异和活动而形成的灾害，主要包括太阳活动异常（黑子爆发、耀斑等）、新星爆发、陨击（陨石流）、彗星碰撞、电磁异爆、粒子流冲击、天体引力场变化、太阳辐射变化、宇宙射线异常、地球轨道或者姿态改变等。天文灾害致灾原因主要来自宇宙空间的能量和物质，尽管发生概率极低，但如果发生的话，那么后果是毁灭性的，而且随着时间的推移，其威胁将越来越大。地史学和古生物学的研究表明，在地球的漫长演化过程中，已经遭遇过多次地外天体的碰撞，使地表环境发生巨大变化，由此导致地球上生物的大规模绝灭，如许多学者推断恐龙的绝灭源于一颗小行星与地球的强烈碰撞。20 世纪初发生于俄罗斯西伯利亚地区的"通古斯大爆炸"，曾使大片森林被毁；1976 年我国吉林市附近发生罕见的陨石雨，覆盖数十平方公里的面积，幸好未造成严重危害；还有科学家广泛描绘过的小行星撞击地球事件，这尽管是小概率事件，但比较大的小行星（直径在 5km 以上）就足以对地球造成毁灭性的灾害。对这类灾害，人类目前难以抵御，只能加强观测与研究，尽早预报，尽早做准备。

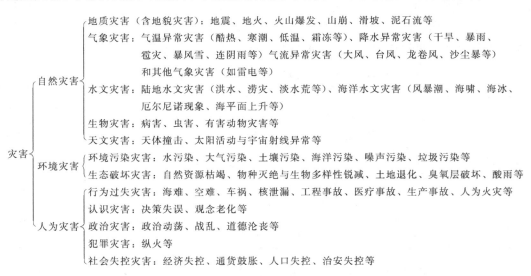

图 1.3 灾害成因分类

地球灾害按发生圈层位置分大气圈灾害（气象灾害）、水圈灾害（水文灾害）、岩石圈灾害（地质灾害）和生物圈灾害（生物灾害），按地理属性可分为地质灾害、地貌灾害、

14

气象灾害、水文灾害、生物灾害等。

狭义的地质灾害是指由地球内引力作用引起的地壳变形、位移及地表物质运动所产生的有害现象和过程，主要包括地震（构造地震、火山地震、陷落地震、人工地震）、地陷、地火或地下火、火山爆发等。广义的地质灾害是指岩石圈的异常变异造成的灾害，包括内、外地质作用形成的灾害，是指由于自然和人为诱发引起的地壳变形、位移及地表物质运动所产生的对人民生命和财产安全造成危害的地质现象和过程，主要包括地壳活动灾害，如地震、火山喷发、断层错动等；斜坡岩土体运动灾害，如崩塌、滑坡、泥石流等；地面变形灾害，如地面塌陷、地面沉降、地面开裂（地裂缝）等；矿山与地下工程灾害，如煤层自燃、洞井塌方、冒顶、偏帮、鼓底、岩爆、高温、突水、瓦斯爆炸等；城市地质灾害，如建筑地基与基坑变形、垃圾堆积等；河、湖、水库灾害，如塌岸、淤积、渗漏、浸没、溃决等；特殊岩土灾害，如黄土湿陷、膨胀土胀缩、冻土冻融、沙土液化、淤泥触变等。我国《地质灾害防治条例》（2003）所称地质灾害，包括自然因素或者人为活动引发的危害人民生命和财产安全的山体崩塌、滑坡、泥石流、地面塌陷、地裂缝、地面沉降等与地质作用有关的灾害。

地貌灾害又叫地表灾害，是指由外营力作用导致的地表固体物质运动所产生的有害现象和过程，根据地貌灾害形成的外营力条件分为重力地貌灾害（滑坡、崩塌等）、流水地貌灾害（水土流失、泥石流等）、风力地貌灾害（沙漠化等）、熔岩地貌灾害（陷落等），属广义地质灾害。

气象灾害或大气圈灾害是指大气圈发生异常变化产生的灾害，即异常的天气、气候事件产生的灾害，包括气温异常灾害（酷热、寒潮、低温、霜冻、干热风等）、降水异常灾害（包括干旱、暴雨、雹灾、暴风雪、连阴雨、湿害）、气流异常灾害（大风、台风、龙卷风、沙尘暴等）和其他天气异常灾害等。《中华人民共和国气象法》和《气象灾害防御条例》中，气象灾害是指台风、暴雨（雪）、寒潮、大风（沙尘暴）、低温、高温、干旱、雷电、冰雹、霜冻和大雾等所造成的灾害。

水文灾害指水圈水体异常变化产生的灾害，包括陆地水文灾害（洪水、涝灾、内渍、地下水位下降、泥沙淤积、淡水荒等）、海洋水文灾害（风暴潮、海啸、海浪、海冰、海侵、厄尔尼诺现象、海平面升高等）。

生物灾害指生物圈异常变化现象和过程带来的灾害，主要指自然界中有害生物或其毒素的大量繁殖扩散对人类造成的危害，主要包括病害（农作物病害、养殖业病害、森林病害）、虫害（农作物虫害、养殖业虫害、森林虫害）、草害（农作物草害、养殖业草害、森林草害）、鼠害（农作物鼠害、森林鼠害）等。

（2）环境灾害。环境灾害就其内涵可有广义和狭义两大区分。广义环境灾害包括自然变化引起的环境灾害和人为因素诱发环境变化引起的环境灾害。但通常按狭义理解，是指由于人类的经济和社会活动超过自然环境的承载能力，导致环境污染和资源、生态、环境破坏，甚至对人类生命财产构成威胁的事件，包括环境污染灾害（水污染、大气污染、土壤污染、海洋污染、噪声污染、垃圾污染等）、生态破坏灾害（自然资源枯竭、物种灭绝与生物多样性锐减、土地退化、臭氧层破坏、酸雨等）。

环境灾害与自然灾害不同，是由人为因素和自然因素两部分致灾因子共同作用形成的灾害，是由于人类有意或无意的不恰当行为，致使自然环境系统处于不稳定状态（出现环境问题），并进一步通过累积由量变到质变，最终在外界或内部小的扰动作用下造成环境系统结构的突变，而丧失其为人类服务的功能，甚至对人类生命财产构成严重威胁的灾害现象。尽管环境灾害是人为因素造成的，但其后果（人类生命和财产损失）则是由于自然环境系统结构的破坏，反作用于人类所致，它是人与自然因素共同作用的产物。这是环境灾害不同于战争、犯罪与交通灾害等人为灾害的根本所在。

（3）人为灾害。人为灾害是以人为因素为主导因素造成的灾害，主要包括各种生产事故、交通事故、生活事故以及战争和社会动乱等造成的灾害。人为灾害通常分为行为过失灾害（如海难、空难、车祸、核泄漏、工程事故、医疗事故、生产事故、人为火灾、瓦斯爆炸等）、认识灾害（如领导决策失误、思想观念僵化、忽视生态平衡、科技负作用等）、社会失控灾害（如宏观经济失控、人口失控、城市失控、环境监测失控、治安失控等）、政治灾害（如政治动荡、战争、社会腐败、道德沦丧等）以及生理灾害、犯罪灾害（纵火、人为破坏等）等。

若按人的活动范围和行为主体分，人为灾害又大致有以下三类。

1）生产活动型。人类为了生存、繁衍和发展要从事各种各样的生产性活动来创造人类生命及生活所需的物质财富和精神财富，由于人的生理特性和心理特性、人的科技文化素质、掌握生产技能的水平、认识事物判断能力所限，难免产生人为失误。无论是技术性的、生理性的还是心理性的失误都可能使灾害的风险在生产及其经营活动中诱发成灾难，如工业企业及矿山生产中常见的意外伤亡事故等。

2）社交活动型。也称非生产活动型，它是指生活、生存活动领域由于人或群体的失误，破坏了社会活动的正常秩序，危害了和谐的人文环境而诱发社会性的灾害，如交通车辆伤害、火灾、环境污染、流行疾病等。

3）人为致灾型。也称人祸天灾型或天灾人祸型，是指人为因素引发了自然灾害。例如，矿山不合理开采引起地陷或坍塌；错误的开采和堆积诱发山体滑坡或泥石流灾害；尾矿库垮坝；水库垮坝等。

可见，由于灾害成因异常复杂，同一种灾害在不同时空范围内其成因常常是不同的，甚至许多灾害可以由自然原因引起，也可以是人为因素产生，或者同时作用产生，譬如许多地质灾害可以由纯自然原因引起，但工程地质灾害却由人类活动诱发；火灾有自然因素引起的天然火灾，但人为火灾常常出现。同一原因也可以引发多种灾害，如暴雨、冰雹和龙卷风、雷暴大风都是强对流灾害性天气。不同灾害之间还可能互为因果、彼此叠加，由原发灾害引发次生灾害，形成灾害链。所以，灾害成因分类存在分歧也是十分正常的。

此外，还有学者把由自然变异为主因，并表现为自然态的灾害称为自然灾害，如地震、洪水、滑坡、海啸、风暴潮等；将由人为因素为主因，并表现为人为态的灾害称为人为灾害，如战争、内乱、人为纵火、交通事故、技术事故等；把由自然变异引起的但表现为人为态的灾害称为自然人为灾害，如太阳活动峰年发生的传染病大流行；把人为影响产生的但表现为自然态的灾害称为人为自然灾害，如过量采伐森林引起的水土流失，过量开发地下水引起的地面沉降、水库地震等。

总之，灾害类型的一级划分按成因有"二元分类法"和"三元分类法"，甚至"四元分类法"，各都有一定的依据。

（二）我国政府部门对灾害的分类

国家科技部、原国家计委、原国家经贸委自然灾害综合研究组根据自然灾害的成因和我国灾害管理现状，将自然灾害分成气象灾害、海洋灾害、洪水灾害、地质灾害、地震灾害、农业灾害和林业灾害七大类（表1.2）。

表1.2　　　　　　　　　　　我国政府现行灾害分类及主管部门

灾害类型	主　要　灾　种	主管部门
气象灾害	暴雨、干旱、寒潮、热带风暴、龙卷风、雷暴、雹灾、大风、干热风、暴风雪、冷害、霜冻等	国家气象局
海洋灾害	风暴潮、海啸、潮灾、海浪、赤潮、海冰、海水入侵、海平面上升等	国家海洋局
洪水灾害	洪水、雨涝等	水利部
地质灾害	崩塌、滑坡、泥石流、地裂缝、地陷、矿井突水、突瓦斯、冻融、地面沉降、土地沙漠化、水土流失、土地盐碱化等	国土资源部
地震灾害	地震及由地震引起的各种次生灾害	国家地震局
农业灾害	农作物病虫害、鼠害、农业气象灾害、农业环境灾害等	农业部
林业灾害	森林病虫害、鼠害、森林火灾等	国家林业局

在我国1998年制定的《中华人民共和国减灾规划（1998—2010年）》（2008年8月14日中止执行）中，将我国的主要自然灾害分为四大类，即：大气圈和水圈灾害，主要包括洪涝、干旱、台风、风暴潮、沙尘暴以及大风、冰雹、暴风雪、低温冻害、巨浪、海啸、赤潮、海冰、海岸侵蚀等；地质地震灾害，主要包括地震、崩塌、滑坡、泥石流、地面沉降、塌陷、荒漠化等；生物灾害，主要包括农作物病虫鼠害、草原和森林病虫鼠害；森林和草原火灾。可以看出，它部分采用的是前面所说的依据地球圈层进行灾害分类的方式。

而在2006年制定的《国家综合减灾"十一五"规划》中，仅仅直接列举了洪涝、干旱、台风、风雹、雷电、高温热浪、沙尘暴、地震、地质灾害、风暴潮、赤潮、森林草原火灾和植物森林病虫害等13类灾害，而没有再作大类的归纳。可以说这是一种注重实操性的表述方式。

（三）灾害的其他分类

1. 按灾害发生的地理位置分类

按灾害发生的地理位置，可将灾害分为陆地灾害与海洋灾害。

（1）陆地灾害。

1）地质灾害：发生在地壳中，主要有地震、火山、沉陷等。

2）地貌灾害：发生在地表，主要有水土流失、泥石流、沙漠化、滑坡等灾害。

3）气象灾害：主要有干旱、暴雨、台风、陆龙卷、热浪、寒流、冰雹等。

4）水文灾害：有洪水、地下水位下降、水污染等。

5）土壤灾害：有土壤盐碱化等。

6）生物灾害：物种减少、农林病虫害、森林火灾等。

　　7）环境污染：主要有大气污染、温室效应、酸雨、化学烟雾等。

　　(2) 海洋灾害。主要包括风暴潮、海浪、海冰、海啸、赤潮、海底滑坡、海底火山、海温异常等。

　　2．根据灾害波及范围分类

　　(1) 全球性灾害：地震、火山、沙漠化、环境污染等灾害，人口、粮食、能源危机等。

　　(2) 区域性灾害：水土流失、火灾、盐碱化等。

　　(3) 局域性灾害：呈点、线状分布的灾害，如滑坡、地裂缝、地陷等。

　　3．根据灾害持续时间的长短分类

　　(1) 突发性灾害：如地震、火山、台风等，其发生具有突发性。

　　(2) 缓变性灾害：如沙漠化、水土流失等，长期持续产生影响。

　　(3) 偶然性灾害：森林火灾、交通事故等。

　　4．根据地貌类型分类

　　(1) 山地灾害。

　　(2) 平原灾害。

　　(3) 滨海灾害。

　　5．根据灾害出现时间先后（主次）分类

　　(1) 原生灾害：灾害链中最早发生的起主导作用的灾害称为原生灾害，是最先出现的灾害。

　　(2) 次生灾害：指原生灾害诱发形成的灾害。可进一步分为前导灾害、主灾害、次生灾害，还可分为控制性灾害、从属性灾害。比如：地震发生后引起的水灾、火灾、滑坡、泥石流、环境污染等。

　　(3) 衍生灾害：由原生灾害、次生灾害衍生的间接灾害。如大地震的发生使社会秩序混乱，出现烧、杀、抢等犯罪行为，使人民生命财产再度遭受损失；再如大旱之后地表与浅部淡水极度匮缺，迫使人们饮用深层含氟量较高的地下水，从而导致氟病，这些都称为衍生灾害。

　　6．根据灾害过程及发生体的物理状态分类

　　(1) 固体灾害：地震、沙漠化、岩崩等。

　　(2) 流体灾害：火山、洪水等。

　　(3) 气体灾害：地气、废气等。

　　7．根据灾害发生时间远近分类

　　(1) 地史灾害：发生在地质时代，对人类没有影响。

　　(2) 历史灾害：发生在人类较早历史时期。

　　(3) 现今灾害：近百年来发生的灾害。

　　(4) 未来灾害：未来可能出现的灾害。

　　此外，还有其他分类，如根据灾害与环境的关系可以分为生态灾害和非生态灾害两类。前者指环境（包括气候、地理、海洋等环境）变化引起生态变化进而诱发灾害，如物种灭绝等；后者指与生态环境的变化无直接关系的灾害，如交通事故、医疗事故等。

　　根据灾害的不同现象，可以分为明灾和暗灾两类。前者指从发生到终止所造成的后果都是显现的灾害，如明显可见的水、旱、风、火灾等；后者则是指造成损害后果之前是潜在的各种灾害，如地震、火山爆发、生态环境方面的"三废"污染等灾害。

根据灾害的可防性，可以分为可避免性灾害和不可避免性灾害。前者通过人类自身的努力可以避免其出现，如污染灾害、卫生灾害等；后者则不以人类的意志为转移，只能防范或适度控制而不可避免，如地震、火山爆发、海啸等。

根据灾害的相关性，可以分为连带型灾害（如旱灾-蝗灾、毁林开荒水土流失-水旱灾害等）、并发型灾害（如风沙、雨-涝、台风暴雨等）、渐变型灾害（如碱荒、海侵、环境污染等）、突发型灾害（如地震、雪崩、建筑物倒塌等）四类。

根据灾害的不同危害对象，可以分为城市灾害、农村灾害、工矿灾害、农业灾害、林木灾害、卫生灾害、海洋灾害、其他灾害等几类。

根据灾害造成的损失程度，可以分为特大灾害、大灾害、中灾害和小灾害四类。不同的灾害还有更加具体的划分。

第二节　水文灾害的概念及特征

一、地球上的水及其作用

（一）地球上水的分布

水是地球上分布最为广泛的物质之一，它以液态、固态和气态形式存在于地表、地下、空中以及生物有机体内，成为地表水、地下水、大气水及生物水，形成了海洋、河流、湖泊、沼泽、冰川、地下水及大气水等各种水体，这些水体组成了一个统一的相互联系的地球水圈。整个地球 $5.1×10^8 km^2$ 的表面上，约 3/4 为水所覆盖，这是地球区别于太阳系其他行星的主要特征之一，地球因此而有"水的星球"之称。

水在地球上的分布很不均匀。在地球上的总水量中，绝大部分集中于海洋，少部分分布于陆地表面和地下，极少部分悬浮于大气中和储存于生物有机体内。海洋是地球上最为庞大的水体，水分多以液态形式而存在，少部分以固态形式而存在于高纬海区；陆地上的水体类型最为多样，南极大陆表面全部为冰雪所覆盖，高山雪线以上部分大多有冰川和积雪，广大的陆地表面分布着众多的河流、湖泊和沼泽；大气水主要以水蒸气形式存在，部分以水滴和冰晶的形式浮游于近地大气层。

地球上究竟有多少水，这是很难精确估计的。就以海洋来讲，要想知道海洋中有多少水，首先要量测海洋地形。可是直到 20 世纪 70 年代，世界大洋仅 5% 的面积有足够可靠的等深线，大部分测量工作是在 1957—1958 年国际地球物理年期间完成的。美国海洋学家弗·普·舍帕尔德曾指出，人们对海底的了解比对月球可见到的那一面的了解还少。至于分布于地下和两极冰盖中的水量，同样也是很难估计的。因此，至今地球上水的分布存在不同的估计数据，也就不足为怪了。但是尽管各家数字不尽相同，其分布的大体比例基本一致。

根据联合国教科文组织（UNESCO）1978 年发表的数字（表 1.3），地球上的总水量约为 $13.86×10^8 km^3$，其中含盐量较高的海水为 $13.38×10^8 km^3$，占地球总水量的 96.5%，目前尚不能作为淡水资源而被人类直接利用。地球上的淡水约为 $3503×10^4 km^3$，仅占地球总水量的 2.53%，其中的 68.7% 为极地冰川和冰雪，主要储存于南极和格陵兰地区，目前的经济技术条件下尚难开发利用。目前易被人类利用的淡水是河流、湖泊水和地下水，仅是地球上淡水储量的很小一部分。

表 1.3 　　　　　　　　　　地 球 上 的 水 储 量

水 的 类 型	分布面积 /$10^4 km^2$	水量 /$10^4 m^3$	水深 /mm	占全球总量比例/%	
				占总水量	占淡水量
（1）海洋水	36130	133800	3700	96.5	—
（2）地下水（重力水和毛管水）	13480	2340	174	1.7	—
其中地下水淡水	13480	1053	78	0.76	30.1
（3）土壤水	8200	1.65	0.2	0.001	0.05
（4）冰川与永久雪盖	1622.75	2406.41	1463	1.74	68.7
1）南极	10398	2160	1546	1.56	61.7
2）格陵兰	180.24	234	1298	0.17	6.68
3）北极岛屿	22.61	8.35	369	0.006	0.24
4）山脉	22.4	4.06	181	0.003	0.12
（5）永冻土低冰	2.100	30.0	14	0.222	0.88
（6）湖泊水	206.87	17.64	85.7	0.013	—
1）淡水	123.64	9.10	73.6	0.007	0.26
2）咸水	82.23	8.54	103.8	0.006	—
（7）沼泽水	268.26	1.147	4.28	0.0008	0.03
（8）河流水	14.880	0.212	0.014	0.0002	0.006
（9）生物水	51.000	0.112	0.002	0.0001	0.003
（10）大气水	51.000	1.29	0.025	0.001	0.04
水体总储量	51000	138598464	2718	100	—
其中淡水储量	14800	3502921	235	2.53	100

地球上各种水体的水量处于动态的变化之中，在一定的时期内，全球的总水量在各种水体之间的分配关系会发生一定的变化，这种变化曾被称为世界性水量平衡。20 世纪 60 年代以来，全球气候变暖的趋势明显，其后果之一就是导致海平面的上升（表 1.4），直接威胁到世界沿海地区的安全。所以，世界性水量平衡问题一经提出，很快就引起全世界的广泛关注，并成为重要的热点研究问题之一。

表 1.4 　　　　　　　各种水体蓄水变化量及其对海平面变动的影响

水体	蓄水变化量/ (km^3/a)	海平面变化量/ (mm/a)	水体	蓄水变化量/ (km^3/a)	海平面变化量/ (mm/a)
冰川	−250	0.7	水库	50	−0.1
湖泊	−80	0.2	海洋	580	1.6
地下水	−300	0.8			

（二）地球上水的作用

水圈中的水广泛渗透于地球表面的岩石圈和大气圈，积极参与地表的各种物理、化学过程，不仅改变了岩石圈的面貌，也使大气圈的大气现象变得复杂多样，而且导致生物圈的出现，从而水又积极参与地表的生物过程。水对地理环境和生态系统的形成与演化具有重大的影响。

水是生命活动的物质基础。水是生物圈中光合作用的基本原料，是生命原生质的主要成分。水的光解是氧气的重要来源，供生物和人类所呼吸。动物与人类的生存最终要依赖于光合产物。因此，水是生命形成的基本条件，没有水便没有生命、没有植物和动物，更不会有人类和人类社会。现代科学证明，每人每天要摄入 2000mL 的水才能维持生命，断水 7～10d，人就会导致死亡，失水 15%～20% 人就会产生脱水症状。

水是人类赖以生存、发展的最宝贵的自然资源。水的溶解能力极强而黏滞性很低，是地球上最好的天然溶剂和输送介质，具有生物体养分输送、水生生物供氧、物体洗涤除污、污染物处理、物质运输等多方面的经济社会功能，还具有景观构成、文化形成等多种社会价值，在工业、农业、交通运输、城市卫生、环境保护、旅游等经济社会各个生产领域都有着十分广泛的作用。无论是过去、现在还是将来，水始终是影响人类社会发展的重要因素。

水在人类生活和生产过程中发挥着重要作用。人类生活用水分为城市生活用水和农村生活用水，前者主要是家庭用水，还包括公共建筑用水、消防用水、浇灌绿地等市政用水。受城市性质、经济水平、气候、水源、水量、居民用水习惯、收费方式等影响，城市生活用水人均用水量变化较大，一般发达地区高于欠发达地区，丰水地区高于缺水地区。世界城市生活用水约占全球用水量的 7%，我国城市用水则占全国总用水量的 4.5%。

生产用水分为农业用水和工业用水。农业用水主要包括农业灌溉、牧业灌溉和渔业用水。受气候和地理条件、作物品种、灌溉方式和技术、管理水平、土壤、水源和工程设施等影响，农业用水量在时空分布上存在很大变化。工业用水主要包括原料、冷却、洗涤、传送、调温和调湿等用水，工业用水量与工业发展布局、产业结构、生产工艺水平等多种因素密切相关。世界工业用水量约占全球用水量的 22%，中国工业用水量所占的比例为 20.2%。我国工业用水量集中在火力发电、纺织、造纸、钢铁和石油石化行业，五大行业用水量占全国工业用水量的 79.1%。

水在生态环境保护方面还发挥着重要作用。在生态环境脆弱地区，生态用水必须优先得到满足；否则会导致生态环境的恶化。生态用水是一个宽泛的概念，如河流水质保护、水土保持、水热平衡、植被建设、维持河流水沙平衡、维持陆地水盐平衡、保护和维护河流生态系统的生态基流、回补超采地下水所需水量、城市绿地用水等都属于生态用水范畴。按照国际通行标准，河流水资源的利用率不应超过 40%，而我国黄河的利用率已达到 70% 以上，海河水资源的利用率接近 90%。对河流水资源的过度利用使生态用水被严重挤占，使河流维持生态平衡的功能减弱，流域生态环境恶化。生态用水的功能还包括维持河流物种的生存繁衍和稀释城乡排放的工农业和生活废水等。从人与自然的关系角度看，以挤占生态用水发展经济的做法严重违背自然规律，会受到大自然的惩罚和报复。

二、水文灾害及其分类

1. 水文灾害的概念

地球上的水并非静止不动，在太阳辐射、地球重力等的作用下，通过水的蒸发、水汽输送、凝结降水、下渗和径流等环节，不断地发生相态转换和空间位置的转移过程，称为水分循环，又叫水文循环，简称水循环。水圈内各水体在循环运动过程中发生异常运动和变化，对人类生命、财产和人类生存发展环境造成危害的事件称为水文灾害，即水圈内水体性质、水量和运动异常形成的灾害。世界各地每年都要遭受程度不同的水文灾害，中国更是一个饱尝水患之苦的国家，从公元前 206 年到 1949 年，共发生 1029 次较大的洪涝灾害，平均两年一次。

水文灾害不是通常人们讲的"水灾"，通常所讲的水灾（洪涝灾害）包括洪灾、涝灾和渍灾。洪灾是指因河流泛滥淹没田地所引起的灾害。涝灾是指因积水过多而造成的灾害。渍灾是指因地下水位过高或连续阴雨致使土壤过湿而危害作物正常生长的灾害。也有学者认为水灾是指由水带来的灾害，包括水多、水少、水脏 3 种灾害。水多，即因天然降雨量过多引发的洪水（涝）灾害；水少，即因天然降水量过少引发的干旱灾害；水脏，即人类生活用水或环境用水受到污染而对人类身心健康带来的严重不良影响。

2. 水文灾害的分类

水文灾害多种多样，可以从不同角度按不同标准进行分类。根据其空间分布范围分为陆地水文灾害（洪灾、涝灾、内渍、地下水位下降、冰川退缩、水体污染、淡水荒等）和海洋水文灾害（风暴潮、海啸、海浪、海冰、海侵、厄尔尼诺现象、海平面升高等），陆地水文灾害也可分为河流水文灾害、湖泊水文灾害、冰川水文灾害、地下水水文灾害等。根据其成因可分为自然水文灾害和人为水文灾害；根据其发生过程的快慢可分为突发性水文灾害和缓发性水文灾害；根据其连发性可分为原生水文灾害和次生水文灾害；还可以按灾情程度、发生年代等进行分类。

三、水文灾害的基本特征

水在循环过程中存在和运动的各种形态统称为水文现象。水循环过程中，水的存在和运动的各种形态统称为水文现象，如河湖中的水位涨落、冰情变化、冰川进退、地下水的运动和水质变化等。水文现象在各种自然因素和人类活动的影响下，在时程变化上存在着周期性与随机性，在地区分布上存在相似性与特殊性。灾害性的水文现象和过程同样具有这些性质。

1. 周期性

由于水文现象的发生具有一定的周期性，灾害性的水文现象和过程也具有一定的周期性变化规律。例如，淮河流域在 1887 年、1909 年、1931 年、1954 年和 1975 年都发生过特大洪涝灾害，其周期大约为 22 年，与太阳黑子活动的双周期一致。

2. 随机性

由于影响水文现象和过程的因素众多，再加上各因素本身及其组合在时间上也在不断地变化，每次发生的水文灾害的大小量级和时间不会完全重复，具有偶然性。例如，长江流域每年都要发生程度不同的洪涝灾害，但每年发生的洪涝灾害量级大小、时间早晚、持续时间、影响范围都会有较大差异。

3. 区域性

每种水文灾害都发生于特定的区域，有其特定的发生条件和诱发因素。不同区域，其气象气候因素、地形地貌条件、社会经济条件和区域防灾抗灾能力不同，水文灾害发生的种类、强度和危害程度不同。

第二章 陆 地 水 文 灾 害

第一节 陆 地 水 文 灾 害 概 述

一、陆地水

陆地水（land water）是相对于海洋而言的，指陆地上各种形态和各种分布方式水体的总称，占地球总水量的 3.5%。按空间分布不同，可分成地表水和地下水。其中，地表水又包括河流、湖泊、沼泽、冰川等。

1. 河流

河流与人类历史的发展息息相关。黄河流域曾经是我们中华民族的发祥地；埃及的尼罗河、西南亚的美索不达米亚两河流域等，都是古代文明的摇篮。河流是地球表面陆地水体的重要组成部分，论面积、水量等方面，均是个极小的水体，河网静态储水只占地球总水量的 2/100 万，占地球淡水总量的 6/10 万。但它同人类关系最为密切，是地球上重要的淡水资源，在灌溉、发电、航运、水产养殖等方面发挥巨大的作用。河流还是活跃的外营力，对地表形态的形成和改造，对气候和植被等都具有重要的影响。而且河流常给人类带来洪涝灾害，危害人民的生命财产安全。

降水或由地下涌出地表的水，汇集在地面低洼处，在重力作用下经常或周期地沿流水本身造成的洼地流动，这就是河流。河流沿途接纳很多支流，并形成复杂的干支流网络系统，这就是水系。一些河流以海洋为最后的归宿，另一些河流注入内陆湖泊或沼泽，或因渗漏、蒸发而消失于荒漠中，于是分别形成外流河和内陆河。

每一条河流和每一个水系都从一定的陆地面积上获得补给，这部分陆地面积便是河流和水系的流域。实际上，它也就是河流和水系在地面的集水区。河流和水系的地面集水区与地下集水区往往并不是重合的，但地下集水区很难直接测定。所以，在分析水文地理特征或进行水文计算时，多用地面集水区代表河流的流域。由两个相邻集水区之间的最高点连接成的不规则曲线，即为两条河流或两个水系的分水线。对于任何河流或水系来说，分水线之内的范围就是它的流域。

2. 湖泊

湖泊是陆地表面具有一定规模的天然洼地的蓄水体系，是湖盆、湖水以及水中物质组合而成的自然综合体。由于湖泊是地表的一种交替周期较长的、流动缓慢的滞流水体，加之它深受其四周陆地生态环境和社会经济条件的制约，因而，与河流和海洋相比，湖泊的动力过程、化学过程及生物过程均具有鲜明的个性和地区性的特点。在地表水循环过程中，有的湖泊是河流的源泉，起着水量储存与补给的作用；有的湖泊（与海洋沟通的外流湖）是河流的中继站，起着调蓄河川径流的作用；还有的湖泊（与海洋隔绝的内陆湖）是河流终点的汇集地，构成了局部的水循环。

陆地表面湖泊总面积约 270 万 km²，占全球大陆面积的 1.8％左右，其水量约为地表河流溪沟所蓄水量的 180 倍，是陆地表面仅次于冰川的第二大水体。世界上湖泊最集中的地区为古冰川覆盖过的地区，如芬兰、瑞典、加拿大和美国北部。我国也是一个多湖泊的国家，湖泊面积在 1km² 以上的有 2800 余个，总面积为 8 万 km²，占全国总面积的 8％左右。我国湖泊的分布以青藏高原和东部平原最为密集。

3. 沼泽

通常把比较平坦或稍微低洼而过度湿润的地面称为沼泽。沼泽中生长各种喜湿植物，并有泥炭层。在沼泽物质中，水占 85％～95％，干物质（主要是泥炭）只占 5％～10％。水分条件是沼泽形成的首要因素。只有过多的水分才能引起喜湿植物的侵入，导致土壤通气状况恶化，并在生物作用下形成泥炭层。沼泽形成过程基本上有两种情况，即水体沼泽化和陆地沼泽化。

沿湖岸水生植物或漂浮植毡向湖中央生长，使全湖布满植物，大量有机物质堆积于湖底，形成泥炭，湖渐变浅，最后形成沼泽。低洼平原的河流沿岸沼泽化过程与此相似。当河水不深、流速不大时，水生植物从岸边生长，造成泥炭堆积，最终导致河流沿岸的沼泽化。这些都属于水体沼泽化。

陆地沼泽化表现为多种形式，但基本形式是森林沼泽化和草甸沼泽化两种。在过湿区域的森林砍伐迹地或火烧迹地上，草本植物大量繁殖，一方面阻碍木本植物的生长，另一方面又成为苔藓植物的温床，最后形成苔藓沼泽。这是森林沼泽化。地表长期处于过湿状态，特别是河水泛滥及邻近水体沼泽化的影响，使潜水位升高或地下水出露地表，造成草甸的过度湿润，以致低洼处水分积聚，土壤中形成嫌气环境，死亡有机质在嫌气细菌作用下，缓慢分解而形成泥炭层。这是草甸沼泽化。此外，海滨高低潮位之间反复被海水淹没的平坦海岸地带，也可形成沼泽，高山或高原多年冻土区的古夷平面、宽广河流阶地甚至平坦分水岭上，冻土层阻碍地表水下渗，即使降水量并不丰富，地表仍能处于过湿状态，形成沼泽。

4. 冰川

冰川是指发生在陆地上，由大气固态降水演变而成的，通常处于运动状态的一种天然冰体。它随气候变化而变化，但不是在短期内形成或消亡。雪线触及地面是发生冰川的必要条件。因此，冰川是极地气候和高山冰雪气候的产物。

冰川是地球上淡水的主体，占地球淡水总量的 68.7％，全球冰川总体积为 2400 万～2700 万 km³。如果全球冰川全部融化，将会使世界海平面上升 66m，陆地将有逾 100 万 km² 的面积被海水淹没。目前，全球冰川覆盖的总面积约 1550 万 km²，约占陆地总面积的 10％以上。南极大陆是世界上冰川最集中的地区，冰盖面积约 1260 万 km²，包括四周的边缘冰棚，则为 1320 万 km²，冰盖平均厚度约 2000m。北极地区包括格陵兰岛、加拿大极地群岛和斯匹次卑尔根群岛，冰川总面积约 200 万 km²，其中格陵兰冰盖面积就达 173 万 km²，巴芬岛上的巴伦斯冰帽面积达 5900km²，得文岛冰帽面积超过 15500km²。

亚洲冰川面积共有 11.4 万 km²，主要分布在兴都库什山、喀喇昆仑山、喜马拉雅山、青藏高原、天山和帕米尔高原。其中我国冰川总面积共 5.8 万 km²，略超过 50％。

5. 地下水

相对地表水而言，地下水是指埋藏在地表面以下各种岩石土层空隙中的水，包括包气带水和饱和带水。但狭义地下水仅指赋存于饱水带岩土空隙中的重力水。地下水资源量指地下含水层的动态水量，通常用地下水的补给量来表示，为区域水资源总量的重要组成部分。特别是在地表水较为缺乏和地表水污染比较严重的地区，地下水的开发和利用日益重要。

地下水的分类方法有多种，并根据不同的分类目的、分类原则与分类标准，可以区分为多种类型体系。如按地下水的起源和形成，可区分为渗入水、凝结水、埋藏水和初生水等；按地下水的力学性质可分为结合水、毛细水和重力水；按矿化程度不同，可分为淡水、微咸水、咸水、盐水和卤水；按其储存空隙的种类又可分为孔隙水、裂隙水、岩溶水。应用最为广泛的是按照地下水的储存和埋藏条件进行的分类。这种分类首先按照储存部位将地下水分为包气带水和饱水带水，然后按力学性质进行次一级分类。在次一级分类中，包气带水被分为结合水、毛管水（毛细水）和重力水，其中结合水又分为吸湿水和薄膜水，毛管水又分为毛管悬着水和毛管上升水，重力水又分为上层滞水和渗透重力水；饱水带水分为潜水和承压水，其中承压水分为自流水和半自流水。

包气带水指位于潜水面以上空隙未被水充满而包含空气的岩土层中的水，主要有土壤水和上层滞水。土壤水是位于地表附近土壤层中的水，主要为结合水和毛细水。它主要靠降水入渗、水汽凝结和地下潜水面的补给。上层滞水是存在于包气带中局部隔水层或弱透水层之上的重力水。

潜水是埋藏在地表下第一个稳定隔水层上具有自由表面的重力水。这个自由表面就是潜水面。从地表到潜水面的距离称为潜水的埋藏深度。潜水面到下伏隔水层之间的岩层称为含水层，而隔水层就是含水层的底板。潜水面以上通常没有隔水层，大气降水、凝结水或地表水可以通过包气带补给潜水，所以大多数情况下，潜水的补给区和分布区是一致的。潜水具有自由水面，不具有承压性，在重力作用下由水位高处向水位低处渗流，形成潜水径流。潜水的排泄方式有径流排泄和蒸发排泄两种。

承压水是指充满于两个稳定隔水层之间的含水层中的地下水。承压含水层上部的隔水层为隔水顶板，下部的隔水层为隔水底板，隔水层之间的距离为含水层厚度。

二、陆地水文灾害

各种陆地水体异常运动和变化对人类生命财产和生存条件带来危害作用的事件与现象称为陆地水文灾害，主要包括洪灾、涝灾、内渍、地下水位下降、冰川退缩、水体污染、淡水荒等。陆地水文灾害也可分为河流水文灾害、湖泊水文灾害、冰川水文灾害、地下水水文灾害等。

第二节　河流洪水灾害

一、洪水

（一）洪水概念

洪水一词，在中国出自先秦《尚书·尧典》。从那时起，4000 多年中有过很多次水灾记载，欧洲最早的洪水记载也远在公元前1450年。在西亚的底格里斯-幼发拉底河以及非洲的尼罗河关于洪水的记载，则可追溯到公元前40世纪。洪水是一种复杂的自然现象。目前对洪水的定义还不统一。一般地，洪水通常是指由大量降雨、冰雪融化、冰凌、堤坝溃决、风暴潮等原因引起河流、湖泊、水库、海洋的水量急剧增加，水位突发性上涨的现象，其根本特征是水体水位的突发性上涨，超过正常水位，淹没平时干燥的陆地，使沿岸遭受洪涝灾害。自古以来洪水给人类带来很多灾难，如黄河和恒河下游常泛滥成灾，造成重大损失。我国各河流均有洪水灾害的记载。例如，1975年8月，河南的"75·8大暴雨"所造成的特大洪水是历史上罕见的。

洪水是否具有灾害性，与当地的各种自然环境条件以及人为因素有密切关系。一般地讲，洪水灾害的发生与3个因素有关：①存在诱发水灾的因素，如暴雨、地震、火山爆发、海啸等；②存在受危害的对象，如受洪水淹没而遭受损害的人及其财产；③人的防御和抵抗能力。

通常所讲的水灾（洪涝灾害）包括洪灾、涝灾和渍灾。洪灾是指因河流泛滥淹没田地所引起灾害。涝灾是指因积水过多而造成的灾害。渍灾是指因地下水位过高或连续阴雨致使土壤过湿而危害作物正常生长的灾害。

（二）河流洪水分类

洪水按出现地区的不同，大致可分为河流洪水、海岸洪水（如风暴潮、海啸等）和湖泊洪水等。其中河流洪水依照成因的不同可进一步分为暴雨洪水（雨洪）、山洪、融雪洪水（雪洪）、冰凌洪水和溃坝洪水等。

1. 暴雨洪水

暴雨洪水为降落到地面上的暴雨，经过产流和汇流在河道中形成的洪水。我国绝大多数河流的洪水都是由暴雨产生的，特别是历年最大洪水，往往是由暴雨形成的，淮河以南的南方河流洪水都是由暴雨形成的；西北干旱半干旱地区河流的最大洪峰主要由暴雨或暴雨与融雪混合形成，但小流域的最大洪水仍为暴雨洪水，即使高寒地区河流有些年份最大洪水可能由融雪形成，但历年最大洪水一般仍由暴雨形成。

暴雨是指降水强度很大的雨。中国气象规定，每小时降雨量16mm以上或连续12h降雨量在30mm以上、24h降水量为50mm或以上的雨称为"暴雨"。按其降水强度大小又分为3个等级，即24h降水量为50～99.9mm称为"暴雨"，在100～249.9mm之间为"大暴雨"，在250mm以上的称"特大暴雨"。但由于各地降水和地形特点不同，所以各地暴雨洪涝的标准也有所不同。我国受暴雨洪水威胁的主要地区有73.8万km²，分布在长江、黄河、淮河、海河、珠江、松花江、辽河七大江河下游和东南沿海地区。暴雨洪水的主要特点是峰高量大，持续时间长，灾害波及范围广。近代的几次大水灾，如长江1931年和1954年大水、珠江1915年大水、海河1963年大水、淮河1975年大水等，都是这种类型的洪水。

暴雨洪水的特点决定于暴雨，也受流域下垫面条件的影响。暴雨洪水一般有以下特点。

（1）涨落较快。暴雨洪水一般涨落较快，起伏较大，具有很大破坏力，尤其是特大暴雨形成的洪水常可造成严重的洪涝灾害，导致巨大的经济损失、人员伤亡以及对生态环境的破坏。其中较为典型的如1963年8月海河流域发生的特大暴雨，暴雨中心河北省内丘县獐么站7d降雨量达2050mm，为我国大陆7d雨量最大记录，海河南系大清河、子牙河、南运河发生海河流域有记录以来最大洪水，洪灾直接经济损失约60亿元。1975年8月淮河上游发生特大暴雨，暴雨中心河南省沁县林庄最大24h雨量1060.3mm，3d雨量1605.3mm，强度之大，超过了我国大陆上历次实测暴雨记录，淮河支流洪汝河、沙颖河发生特大洪水，两座大型水库垮坝，下游7个县遭到毁灭性灾害。1935年7月长江中游发生历时5d的特大暴雨，暴雨中心湖北省五峰县3d雨量1076.7mm，为长江流域目前历时降雨量最高记录。长江中游南北两侧同时发生特大洪水，致使堤防大量溃决，死亡人口达14.2万。

（2）季节性明显、时空分布不均匀。随着副热带高压的北移、南撤过程，夏季我国雨带也南北移动，出现明显的季节性特点。一般年份，4月至6月上旬，雨带主要分布在华南地区。6月中旬至7月上旬，是长江、淮河和太湖流域的梅雨期。7月中旬至8月，雨带从江淮北部移到华北和东北地区。9月，副热带高压南撤，随即雨带也相应南撤，部分年份也会造成洪水，如汉江等地的秋汛。我国大部分地区降雨季节性明显。当台风登陆我国和深入内陆时，高强度的狂风暴雨也可形成暴雨洪水。

据统计，4—10月全国大部分地区降雨量占全年平均降雨量的70%以上，6—8月降雨量可占全年平均降雨量的50%左右。所以说，我国暴雨洪水多发生在春、夏、秋季节。

（3）洪水年际变化大。我国洪水年际变化极不稳定，流量的变幅很大。如海河支流滹沱河黄壁庄站，在实测系列中，小水年份年最大流量仅140m³/s；大水年份，年最大流量达13100m³/s，最大值和最小值相差近百倍。一般来说，气候干旱的北方地区洪水大小变幅比气候湿润的南方地区大。历史最大流量（调查或实测）与年最大流量多年平均值之比，长江以南地区比值为2～3倍，淮河、黄河中游地区可以达到4～8倍，海滦河、辽河流域高达5～10倍。经常发生的洪水与偶然发生的特大洪水，量级相差很悬殊。

（4）大洪水的阶段性和重复性。特大洪水的发生以往都把它看成随机事件。从大量的历史洪水调查研究发现，我国主要河流特大洪水在空间和时间上的变化具有重复性和阶段性的特点。重复性是指在相同地区或流域，重复出现雨洪特征相类似的特大洪水。例如，1931年和1954年长江中下游与淮河流域特大洪水，其气象成因与暴雨洪水的分布基本相同；黄河中游1843年与1933年洪水，上游1904年和1981年洪水；松花江1932年与1957年洪水，其暴雨洪水特点彼此都类似。这种重复性现象说明特大暴雨洪水的发生与当地的天气和地形条件有着密切关系，有一定规律性。其次是洪水的阶段性问题，大洪水的发生目前尚不能作出准确的预测，但可以肯定的是大洪水的发生在时序分布上是不均匀的。一个时期大洪水发生的频率较高，而另一个时期频率较低。从较长的时期来观察，在许多河流上，大洪水的时序分布都有频发期和低发期，呈阶段性的交替变化。例如，海河流域近500年中，流域性大洪水共发生28次，平均18年发生一次。1601—1670年的70年中大洪水发生了8次，平均9年一次；此后1671—1790年则转入低发期，长达120年中，大洪水只出现两次，平均60年一次。到19世纪后半叶，海河流域又转入频发期，50年中大洪水出现5次，平均10年出现一次。这种高频期和低频期呈阶段性变化，其他流域也同样存在这种情况，只是阶段的长短有所不同。大洪水时序变化还有一个特点是连续性，在高频期内大洪水往往连年发生，如海河流域 1652—1654 年（清顺治九、十、十一年）连续 3 年发生流域性大水灾。长江中下游 1848 年、1849 年和 1882 年、1883 年都是连续两年发生大洪水，1860 年、1870 年相隔 10 年时间出现两次 100 年一遇的特大洪水。其他流域也多有类似的情况发生。这种连续性的现象在防洪中很值得引起注意。

2. 山洪

山洪是指山区溪沟中发生的暴涨暴落的洪水。由于山区地面和河床坡降都较陡，降雨后产流和汇流都较快，形成急剧涨落的洪峰。所以山洪具有突发性强、水量集中、破坏力强等特点，但一般灾害波及范围较小。这种洪水如形成固体径流，则称为泥石流。

3. 融雪洪水

融雪洪水（snowmelt flood）是指流域内大量冰融水和积雪融化形成的洪水，简称雪洪，主要发生在高纬度地区或高山地区。若此时有降雨发生，则形成雨雪混合洪水。影响融雪洪水大小和过程的主要因素有积雪的面积、雪深、雪密度、持水能力和雪面冻深、融雪的热量（其中一大半为太阳辐射热）以及积雪场的地形、地貌、方位、气候和土地使用情况等。

我国融雪洪水主要分布在东北地区和西北山区，如在新疆北部，有些河流约 35% 以上的年最大洪水出现在春季融雪期，最大洪峰流量达到年最大洪峰流量的 70% 以上。在该地区面积广、影响大的融雪洪水主要有 1966 年、1971 年、1977 年、1985 年、1988 年、2005 年洪水，也都造成一定的洪灾损失。

融雪洪水有以下特点。

（1）与暴雨洪水比较，融雪洪水过程涨落比较平缓，是矮胖单峰型，洪水历时长，受气温影响显著，具有明显的日变化，形成锯齿形洪水过程。雨雪混合洪水由春夏强烈降雨和雨催雪化而形成，洪水过程多数陡涨陡落，由融雪径流和暴雨洪水组成，可产生较大的洪峰流量。

（2）一般发生在春季。积雪融化日期，平原早于山区，小河早于大河，季节积雪山区早于高山冰雪。

（3）同一河流，其洪水的洪峰高低、洪量大小及洪水变化过程，与春季气温升高幅度、冬季积雪地区分布、积雪深度等关系密切。急剧升温则积雪融化快，水量集中，从而河道涨水较快、洪峰较高、洪水历时较短；积雪量越大则洪水总量越大。

（4）较大的融雪洪水往往是以雨雪混合的形式出现。在积雪消融期间，若有降雨则加快融化速度，增加水量，易形成较大洪水。

4. 冰凌洪水

冰凌洪水是由大量冰凌阻塞，形成冰塞或冰坝，使上游水位显著壅高，当冰塞融解，冰坝突然破坏时，槽蓄水量下泄，所形成的洪水过程。冰塞、冰坝的形成或破坏常常造成严重灾害。例如，1969 年 2 月黄河下游洛口以上形成长逾 20km 的冰坝，冰坝上游水位壅高。超过了 1958 年特大洪水位，大堤出现渗水、管涌、漏洞等险情。在我国主要发生在黄河、松花江等北方江河上。由于某些河段由低纬度流向高纬度，在气温上升、河流解冻时，低纬度的上游河段先行解冻，而高纬度的下游河段仍封冻，上游河水和冰块堆积在下游河床，形成冰坝，也容易造成灾害。在河流封冻时也有可能产生冰凌洪水。

5. 溃坝洪水

它指大坝或其他挡水建筑物发生瞬时溃决，水体突然涌出，给下游地区造成灾害。这种溃坝洪水虽然范围不太大，但破坏力很大。此外，在山区河流上，在地震发生时，有时山体崩滑、阻塞河流，形成堰塞湖。一旦堰塞湖溃决，也会形成类似的洪水。这种堰塞湖溃决形成的地震次生水灾的损失，往往比地震本身所造成的损失还要大。我国幅员辽阔，除沙漠、戈壁和极端干旱区及高寒山区外，大约 2/3 的国土面积存在不同类型和不同危害程度的洪水灾害。如果沿着 400mm 降雨等值线从东北向西南画一条斜线，将国土分为东、西两部分，那么东部地区是我国防洪的重点地区。

根据洪水的来源，可将其分为上游演进洪水和当地洪水两类。上游演进洪水是指由上游径流量增大，使洪水自上而下推进，洪峰从上游传播到下游而形成的洪水，上、下游洪水发生的时间有一段时间间隔。当地洪水是指由当地大量降水等原因引起地表径流大量汇聚河槽而形成的洪水。

（三）河流洪水特性的表示

1. 洪水三要素

将河流某断面流量从起涨至峰顶到退落的整个过程称为一场洪水。定量描述一场洪水的指标很多，主要有洪峰流量与洪峰水位、洪水总量与时段洪量、洪水过程线、洪水历时与传播时间、洪水频率与重现期、洪水强度与等级等。水文学中，常将洪峰流量（或洪峰水位）、洪水总量、洪水历时（或洪水过程线）称为洪水三要素，并通常用洪水过程线来表达这三个要素。

洪水过程线是在普通坐标纸上，以时间为横坐标、流量（或水位）为纵坐标所绘出的从起涨至峰顶再回落到接近原来状态的整个洪水过程曲线。从洪水起涨到洪峰流量出现为涨水段；从洪峰流量出现到洪水回落至接近于雨前原来状态的时段为退水段。洪水过程线有胖、瘦和单峰、多峰的区别，这与流域面积、坡度、降水历时以及河道的调蓄能力有关。一般地讲，流域面积较小、雨前河道或溪沟流量较小或者断流、降雨历时又很短时，洪水历时较短，洪水过程线比较清晰，呈尖瘦、单峰状；反之，若流域面积很大、河道基流较高且降水又连续不断，则洪水历时很长，过程线呈肥胖、多峰状。

洪峰流量 Q_m 是指一次洪水过程中通过某个测站断面的最大流量（简称"洪峰"），单位是 m^3/s。洪峰流量在洪水过程线上处于流量由上涨变为下降的转折点。洪峰流量对于研究河道的防洪有重要意义。不同河流洪峰流量差异很大。例如，长江大通站实测最大洪峰流量为 $92600m^3/s$（1954 年 8 月 11 日），黄河花园口站最大洪峰流量为 $22300m^3/s$（1958 年 7 月 18 日）。同一河流、同一断面、不同年份的洪峰流量差异也很大，即使是同一年份，不同场次的洪水洪峰流量也不同。

洪水总量 W 是指一次洪水过程通过河道某一断面的总水量。洪水总量等于洪水流量过程线所包围的面积（图 2.1）。洪水历时 T 是指河道某断面的洪水过程线从起涨到落平所经历的时间。

2. 洪水频率、重现期与洪水等级

洪水频率是指洪水要素（如洪峰流量或时段洪量）在已掌握洪水资料系列中实际出现次数与总次数之比，常以百分率表示。通常所说的洪水频率一般是指洪水累积频率 P，其值越小，表示某一量级以上的洪水出现的机会越少，则该洪水要素的数值越大；其值越大，表示某一量级以上的洪水出现的机会越多，则该洪水要素的数值越小。重现期是指随机变量大于或等于某数值平均多少年一遇的年距。洪水重现期（T_p）等于洪水（累积）频率（P）的倒数。

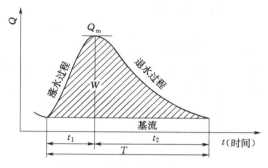

图 2.1 洪水要素示意图

洪水等级是类似于里氏地震等级、蒲福风力等级或雨量等级的、能表征洪水大小及其灾情大小的形象、简易的指标。由于洪水要素的多样性和洪水的复杂性，洪水等级可以从不同角度进行划分。相同强度的暴雨，常常因为流域面积（集水面积）的不同，洪峰流量或时段洪量相差很大，因而不能简单地用洪峰流量或时段洪量来比较不同流域之间的洪水大小。洪水重现期 T（年）或频率 P（％）能科学地反映洪水出现的概率和防护对象的安全程度以及洪水灾情的大小，而且也消除了流域面积这一因素，它既能纵向比较同一断面或防洪点的洪水大小，又能横向地对不同河流或河段（断面）洪水大小进行比较，特别是能大致反映不同区域的洪水灾情程度（损失率、区域受灾率和成灾率等）大小，因此通常是根据洪水重现期（或洪水频率）确定洪水等级。

结合水利部和建设住房与城乡部颁布的国家《防洪标准》（GB 50201—94），考虑历史习惯，并参照地震等级、蒲福风力等级和降雨强度等级的划分，根据洪水重现期可以将洪水大小细分为 12 个等级（表 2.1）。一般地，将洪水等级 $N=1$ 的洪水称为小洪水，2 级洪水为一般洪水，3 级洪水为较大洪水，4 级洪水为大洪水，5 级洪水为特大洪水，6 级以上为稀遇（非常）洪水。

表 2.1 　　　　　　　　　　　洪 水 等 级 划 分 标 准

洪水频率 $P/\%$	洪水重现期 T/a	洪水等级 N	洪水频率 $P/\%$	洪水重现期 T/a	洪水等级 N
＞20	＜5	1	0.5～0.2	200～500	7
20～10	5～10	2	0.2～0.1	500～1000	8
10～5	10～20	3	0.1～0.05	1000～2000	9
5～2	20～50	4	0.05～0.02	2000～5000	10
2～1	50～100	5	0.02～0.01	5000～10000	11
1～0.5	100～200	6	＜0.01	＞10000	12

（四）影响河流洪水的因素

世界上大多数河流的洪水为暴雨洪水和融雪洪水，全球暴雨洪水量值最高的地区主要分布在北半球中纬度地带，我国绝大多数河流的洪水是由暴雨所形成。流域的暴雨特性、流域特性、河槽特性和人类活动等因素，对洪水大小及其性质都有直接影响。暴雨特性包括暴雨强度、暴雨持续时间和空间分布等，尤其暴雨中心移动路线和笼罩面积，对洪水有着巨大的影响。例如，暴雨中心向下游移动，雨洪同步，常造成灾害性大洪水。流域特性包括流域面积、形状、坡度、河网密度及湖沼率、土壤、植被和地质条件等。例如，面积大的流域暴雨常是局地性的，大面积连续降水是造成洪水的主要原因；而对小流域，暴雨笼罩整个流域的机会多，易于形成洪水。河槽特性包括河槽断面、河槽坡度、糙率等，是河网调蓄能力的决定因素。人类活动包括修建蓄水工程、植树造林、水土保持等措施。例如，修建蓄水工程可拦蓄部分洪水，削减洪峰。

二、洪水灾害

（一）洪水灾害定义

洪水给人类正常生活、生产活动带来的损失与祸患称为洪涝灾害（flood disaster）。洪涝灾害一般包括洪灾、涝灾和渍灾。

洪灾一般是指河流上游的降雨量或降雨强度过大、急骤融冰化雪或水库垮坝等导致的河流突然水位上涨和径流量增大，超过河道正常行水能力，在短时间内排泄不畅，或暴雨引起山洪暴发、河流暴涨漫溢或堤防溃决，形成洪水泛滥造成的灾害。洪水可以破坏各种基础设施，淹死人畜，对农业和工业生产会造成毁灭性破坏，破坏性强。防洪对策措施主要依靠防洪工程措施（包括水库、堤防和蓄滞洪区等）。

涝灾一般是指本地降雨过多，或受沥水、上游洪水的侵袭，河道排水能力降低、排水动力不足或受大江大河洪水、海潮顶托，不能及时向外排泄，造成地表积水深度过大、时间过长而形成的灾害。随着城市快速发展，城市内涝造成的灾害损失不断增长。治涝对策措施主要通过开挖沟渠并动用动力设备排除地面积水。

渍灾主要是指当地地表积水排出后，因地下水位过高，造成土壤含水量过多，土壤长时间空气不畅而形成的灾害，多表现为地下水位过高，土壤水长时间处于饱和状态，导致作物根系活动层水分过多，不利于作物生长，使农作物减收。实际上涝灾和渍灾在大多数地区是相互共存的，如水网圩区、沼泽地带、平原洼地等既易涝又易渍。山区谷地以渍为主，平原坡地则易涝，因此不易把它们截然分清，一般把易涝易渍形成的灾害统称涝渍灾害。

由于洪灾和涝渍灾害往往同时或连续发生在同一地区，在灾情调查统计和分析研究时，大多难以准确界定区分，所以统称为洪涝灾害，简称水灾。

（二）洪水灾害类型

洪涝灾害的孕育、发生、发展和消亡的演化过程受天体背景（如太阳活动、月球活动等）、气候、气象、海洋、水文、下垫面和人类活动等众多要素的作用、牵引和制约。从地学角度出发，根据洪涝灾害形成的机理和成灾环境的区域特点，将洪涝灾害分为以下几种类型。

（1）溃决型洪灾。泛指江河、湖海、堤防、塘坝等因自然或人为因素造成溃决而形成的洪涝灾害，根据成因又可细分为河堤溃决、大坝溃决、冰坝溃决3种。它具有突发性强、来势凶猛、破坏力大的显著特点。例如，1975年8月上中旬，河南驻马店、许昌、南阳等地普降特大暴雨，雨量之大、雨势之猛为国内外所少见，使汝河、沙颍河、唐白河三大水系各干支流河水猛涨，导致漫溢决堤，板桥、石漫滩水库大坝溃决，造成震惊中外的河南特大暴雨和洪涝灾害，受灾人口达1029万人，约有450万人被洪水围困，10万人当即被洪水卷走,淹没毁坏庄稼达 $1778hm^2$,这是新中国成立以后仅次于 1976 年唐山大地震的第二大死亡灾难;1979 年冬,新疆境内喀喇昆仑冰川向下游伸长,壅塞叶尔羌河上游,形成长 20km、宽 2km 的临时冰坝,翌春冰坝消融、溃决,洪水下泄,形成水头高达 20m 的洪水。

(2)漫溢型洪灾。它是指洪水位高于堤防或大坝,水流漫溢,淹没低平的三角洲平原或山前的一些冲积、洪积扇区的现象。漫溢型洪水受地形的控制大,水流扩散速度较慢,洪灾损失与土地利用状况有关。洪泛平原与大江大河河口三角洲地区是漫溢型洪灾的多发地,我国的黄河、长江、淮河、海河、松花江、辽河、珠江等泛滥平原与大河三角洲无一例外。

(3)内涝型洪灾。它是指地势低洼、紧依江河、仰承江河沿线湖群的水网地区内发生暴雨或洪水,由于区域排水不畅,大面积区域积水造成明涝,或由于长期积水,使区域地下水水位升高造成区域渍涝灾害的现象。内涝型洪灾多发生于湖群分布广泛的地区,如洞庭湖堤垸区和太湖流域。1991 年太湖洪涝灾害就是典型的内涝型洪灾。

(4)行蓄洪型洪灾。它是指山谷或平原水库以及河道干流两侧的行洪、蓄洪区(它们都是一种天然的洼地或人工湖泊)由于河道来水过大难以及时排出而被迫启用,导致人为的空间转移性的洪涝灾害。从牺牲局部、确保重点地区安全的观点出发,以小的行洪、蓄洪区的淹没损失换取江河堤防的安全,是一种重要的防洪减灾手段。行蓄洪型洪灾是一种可控洪灾,通过洪水的优化调度和管理,达到最大的减灾效益。

(5)山洪型洪灾。它泛指发生于山区河流中暴涨暴落的突发性洪涝灾害。它影响范围较小,但由于山区地势起伏大,具有洪流速度高、冲刷力强、历时短暂、挟带泥石多、来势凶猛、破坏力巨大等特点,常伴生泥石流灾害,是一种危害极大的山地自然灾害。据估计,平常年份因洪灾死亡的人数中,有 80% 是由山洪造成的。山洪的发生,有暴雨、融雪、冰川消融等多种因素,其中以暴雨山洪最为多见。由于山洪的突然暴发并常在夜间发生,因而更具威胁性。

(6)风暴潮性洪灾。它是指台风或热带气旋伴随着大暴雨登临海岸上空并引发海岸洪水,造成堤岸决口、海潮入侵或受高潮影响和潮水顶托、海水倒灌,导致河水漫溢、泛滥的灾害。中国的海岸线长逾 18000km,多风暴潮型洪灾,台风每年平均在沿海登陆 9 次。在渤海湾与黄海沿岸北部,春、夏、秋、冬过渡季节有寒潮大风,均可引发风暴潮。

(7)海啸型洪灾。它是指海底地震或近海域火山爆发,使海洋水体扰动引起重力波,波速可达 $500\sim700km/h$,在近海岸或海湾波峰壅高可达 $20\sim30m$,由此产生洪灾。

(8)城市洪灾。它泛指城市地区的洪涝灾害。城市具有独特的地表形态和性质,如不透水地面面积大,有天然的和人工的地下管网两套排水系统,导致地面径流系数大,汇流速度快、时间短、下渗少。我国现有 100 多座大中城市处于洪水水位之下,其安全受到严重威胁。图 2.2 是洪涝灾害分类的层次结构。

(三)中国洪涝灾害的成因及特点

我国幅员辽阔,各地气候、地形、地质特征差异很大。如果沿着 400mm 降雨等值线从东北向西南画一条斜线,将国土分作东、西两部分,那么东部地区的洪涝灾害主要是由暴雨和风暴潮形成;西部地区的洪涝灾害主要是由融冰、融雪和局部地区暴雨形成。此

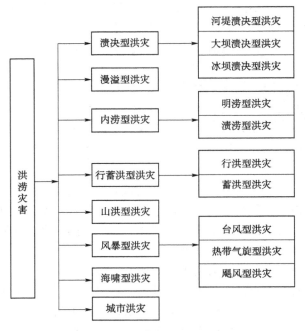

图 2.2　洪涝灾害分类层次结构框图

外，北方地区冬季可能出现冰凌洪水，对局部河段造成灾害。

暴雨是我国洪涝灾害的最主要来源。我国大部分地区在大陆季风气候影响下，降雨时间集中，强度很大。全年降雨量，除新疆北部和湖南南部以外，绝大部分地区 50% 以上集中在 5—9 月。其中淮河以北大部分地区和西北大部，西南、华南南部，台湾大部有 70%～90%，淮河到华南北部的大部分地区有 50%～70% 集中在 5—9 月。在我国东部地区，有 4 个大暴雨多发区：①东南沿海到广西十万大山南侧，包括台湾和海南岛，24h 点降雨量可达 500mm 以上；②自辽东半岛，沿燕山、太行山、伏牛山、巫山一线以东的海河、黄河、淮河流域和长江中下游地区，24h 暴雨量可达 400mm 以上，太行山东南麓、伏牛山东南坡曾有 600～1000mm 或者更多一些的暴雨记录；③四川盆地，特别是川西北，24h 暴雨量常达 300mm 以上；④内蒙古与陕西交界处也曾多次发生大暴雨。高强度、大范围、长时间的暴雨常常形成峰高量大的洪水。在东部地区，有 73.8 万 km² 的国土面积地面处于江河洪水位以下，有占全国 40% 的人口、35% 的耕地、60% 的工农业总产值受洪水严重威胁。然而，这些地区为了发展农业，扩大耕地，修筑堤防，围湖造田，与水争地，从而洪水的排泄出路和蓄滞洪场所不断受到限制，自然蓄洪能力日趋减少和萎缩；加上山丘区土地的大量开垦利用，山林植被的破坏，以及居民点、城市、交通道路的形成等，都不断改变着地表状态，使洪水的产生和汇流条件不断发生变化，从而加重了洪水的危害程度。

我国的洪涝灾害具有以下特点。

1. 范围广

除沙漠、极端干旱地区和高寒地区外，我国约有 2/3 的国土面积都存在着不同程度和不同类型的洪涝灾害。年降水量较多且 60%～80% 集中在汛期 6—9 月的东部地区，常常发生暴雨洪水；占国土面积 70% 的土地、丘陵和高原地区常因暴雨发生山洪、泥石流；沿海省、自治区、直辖市每年都有部分地区遭受风暴潮引起的洪水袭击；我国北方的黄河、松花江等河流有时还会因冰凌引起洪水；新疆、青海、西藏等地时有融雪洪水发生；水库垮坝和人为扒堤决口造成的洪水也时有发生。

2. 发生频繁

据《明史》和《清史稿》资料统计，明清两代（1368—1911 年）的 543 年中，范围涉及数州县到 30 州县的水灾共有 424 次，平均每 4 年发生 3 次，其中范围超过 30 州县的共有 190 年次，平均每 3 年一次。新中国成立以来，洪涝灾害年年都有发生，只是大小有所不同而已。特别是 20 世纪 50 年代，10 年中就发生大洪水 11 次。

3. 突发性强

我国东部地区常常发生强度大、范围广的暴雨，而江河防洪能力又较低，因此洪涝灾害的突发性强。1963 年，海河流域南系 7 月底还大面积干旱，8 月 2—8 日，突发一场特大暴雨，使这一地区发生了罕见的洪涝灾害。山区泥石流突发性更强，一旦发生，人民群众往往来不及撤退，造成重大伤亡和经济损失。例如，1991 年四川华蓥山一次泥石流死亡 200 多人，1991 年云南昭通一次也死亡 200 多人。风暴潮也是如此。例如，1992 年 8 月 31 日至 9 月 2 日，受天文高潮及 16 号台风影响，从福建的沙城到浙江的瑞安、敖江、沿海潮位都超过了新中国成立以来的最高潮位。上海潮位达 5.04m，天津潮位达 6.14m，许多海堤漫顶，被冲毁。

4. 损失大

例如，1931 年江淮大水，洪灾就涉及河南、山东、江苏、湖北、湖南、江西、安徽、浙江等 8 省，淹没农田 1.46 亿亩，受灾人口达 5127 万，占当时 8 省总人口的 25%，死亡 40 万人。1991 年，我国淮河、太湖、松花江等部分江河发生了较大的洪水，尽管在党中央和国务院的领导下，各族人民进行了卓有成效的抗洪斗争，尽可能地减轻了灾害损失，全国洪涝受灾面积仍达 3.68 亿亩，直接经济损失高达 779 亿元。其中安徽省的直接经济损失达 249 亿元，约占全年工农业总产值的 23%，受灾人口 4400 万人，占全省总人口的 76%。

5. 季节性明显

洪水集中出现的季节时段称为汛期，各大江河每年汛期来临的时间有一定规律，它主要决定于夏季雨带的南北位移和秋季频繁台风暴雨。一般年份 4 月初至 6 月初，西太平洋副热带高压脊线位于 15°N～20°N，雨带出现在南岭以南，珠江流域进入主汛期。6 月中旬至 7 月初，副热带高压脊线第一次北跳至 20°N～25°N，雨带北移至江淮流域，华南前汛期结束，江淮梅雨期开始。7 月中下旬副热带高压脊线第二次北跳至 30°N 附近，江淮梅雨结束，华北和东北地区进入全年雨季全盛期。各地汛期时间有规律地自南往北错后。8 月下旬副高迅速南撤，在南撤过程中，川东、秦巴山区出现连绵秋雨，形成黄河和长江流域秋汛。此时华南地区受赤道辐合带影响，热带风暴和台风不断登陆，出现全年第二次降雨高峰期，形成珠江流域后汛期。

据资料统计，珠江流域西江梧州站，洪峰流量大于 40000m³/s 的大洪水，70% 出现在前汛期；长江流域各大支流入汛时间自下而上往上游推迟，鄱阳湖水系和洞庭湖水系的湘江、资水汛期最早，4—5 月即进入汛期，沅水、澧水稍迟，上游岷江、沱江、嘉陵江 7 月初入汛，干流宜昌洪峰流量超过 50000m³/s 的洪水，60% 出现在 7 月，30% 出现在 8 月。由于上游川江洪水季节比中游各支流洪水（汉江除外）要晚一个月左右，一般年份上游洪水与中游洪水不会碰头，如果天气气候反常，中下游汛期时间延长，上游洪水提前，就有可能造成全流域性大洪水；淮河流域 6—7 月受梅雨风影响，8 月又受台风影响，汛期时间较长，大洪水主要发生在 6—8 月；黄河中游，秋雨影响趋弱，陕县站 85% 洪水集中在伏汛 7—8 月，三门峡至花园口区间，洪水季节与海河相近，集中在 7 月中旬至 8 月中旬；海河流域洪水出现的季节时段非常集中，大洪水主要出现在 7 月下旬至 8 月上旬，普查近 300 年资料，9 月发生大洪水的机会很少；滦河、辽河流域，大洪水主要出现在 7 月处于高纬度的松花江流域，入汛时间最晚，上游嫩江大洪水主要出现在 8 月上旬至 9 月上旬，至松花江哈尔滨河段，大洪水主要发生在 8 月中旬至 9 月下旬。

6. 洪水峰高量大

受流域暴雨、地形、植被等因素的影响，一些河流常可以形成极大洪峰流量。例如，1935 年 7 月长江中游特大暴雨，暴雨中心五峰站 5d 雨量达 1282mm，暴雨中心区澧水流域，洪峰流量达 31100m³/s（三江口站，集水面积 15240km²）；1975 年 8 月河南西部特大暴雨，林庄站 6h 雨量 830.1mm，汝河板桥水库（集水面积 768km²）洪峰流量达 13000m³/s，都接近世界相同流域面积最大记录。

我国洪水量级最高的地区主要分布在沿辽东半岛、千山山脉东段往西沿燕山、太行山、伏牛山、大别山迎风坡以及滨海地带和岛屿，此外还有几处局部高值区，即陕北高原、峨眉山区、大巴山区和武陵山区澧水流域，以上地区每 1000km² 最大流量均可达到 6000m³/s 以上，其中以辽西大凌河流域、沂蒙山区、伏牛山区、大别山区、浙闽沿海、台湾岛、海南岛等地区洪水量级最大，每 1000km² 最大流量在 8000m³/s 以上，最高的是伏牛山区，每 1000km² 最大流量达 15000m³/s。江南丘陵地区洪水量级比上述地区小，每 1000km² 的最大流量一般在 6000m³/s 以下，其中位于南岭、武夷山背风区的地区，峰面停滞机会少，受地形影响，暴雨活动较弱，洪水量级比四周地区都小，每 1000km² 最大流量在 2000～4000m³/s 内。西南地区暴雨强度较小，岩溶发育，洪水量级显著减小，每 1000km² 最大流量一般只达到 1000～2000m³/s，其量级与东北森林地区相当。

大江大河一次大洪水总水量很大，如长江汉口站 1954 年一次洪水总量高达 6000 亿 m³，相当于全国平均径流总量的 22%；海河"63·8"特大洪水，南系三河 8 月份总径流量相当于全流域平均年径流量的 1.32 倍。洪水量高度集中，不仅对防洪减灾带来很大困难，而且对水资源的开发和利用也很不利。

7. 江河洪水年际变化不稳定

暴雨区大洪水年和枯水年洪峰流量变幅很大。例如，海河支流滹沱河黄壁庄站，在实测资料中，最大洪峰流量 13100m³/s（1956 年），最枯年份，年最大流量仅 140m³/s（1920 年），相差几乎近 100 倍。从最大洪峰流量多年平均值之比来看，长江及长江以南地区变化幅度较小，一般为 2～3 倍，淮河、黄河中游为 4～8 倍，海滦河、辽河最不稳定，一般可达 5～10 倍。

三、防洪减灾措施

防洪措施是指防止或减轻洪水灾害损失的各种手段和对策。防洪措施包括防洪工程措施和防洪非工程措施。减轻洪水灾害必须重视除害与兴利并举的灾害管理思想，既要研究河流的自然规律使其造福于人类，又要注重与水为友，实现人、水的和谐共存，也要注重工程措施与非工程措施的有机结合和流域全局利益与区域利益相协调。

（一）防洪工程措施

防洪工程措施指为控制和抗御洪水以减免洪水灾害损失而修建的各种工程措施。其主要措施有修建水库蓄洪、利用湖泊或洼地蓄洪、滞洪，提高河道的排泄能力、整治河道、整修堤防等。防洪工程设施通常由多种防洪工程组成，它们联合承担防洪任务，构成防洪工程体系，以达到预期的防洪目的。

1. 兴建水库、调蓄洪水

水库工程是指在江河上游修筑大坝而形成的拦蓄径流、调节水量的蓄水工程。通过水库调节，既可削减汛期洪水下泄流量、减轻下游洪水灾害，又可以提高水量的利用率，从而获得发电、灌溉、供水、养殖以及发展旅游等综合效益。

水库工程一般由大坝、溢洪道、泄洪间、引水渠以及电站厂房等组成。大坝是用来拦水的建筑物，是水库工程的主体，它根据筑坝材料和施工方法不同，可以分为混凝土坝、土坝、土石坝、斜墙坝、心墙坝等。其主要作用是拦蓄洪水和调节高水位，在坝上游形成有一定调蓄能力的水库。因此，要求大坝，包括坝基、坝肩及库岸等，都要有足够的抗滑稳定性、抗渗稳定性和抗变形稳定性。

水库的另一个主体工程是泄洪建筑物。水库的调蓄能力是有一定限度的，通常要根据库区和坝址的地质地形条件、库区淹没损失、经济能力、洪水大小和是否经济合理来确定。因此泄洪建筑物的作用就是排泄超过水库调蓄能力的洪水和降低水库水位，以确保大坝的安全。为了使水库安全适用，需要经常对水库进行维护、除险加固。

水库的任务一般除了防洪还要兴利，前者要求在洪水到来前能腾出较充分的库容以接纳洪水，后者则要求水库经常保持较多的蓄水量。因此，水库在防洪时，既要兼顾上下游的要求，又要拦蓄部分洪水以转化为可利用的水资源供非汛期使用，这就要制订出合理的水库工程控制运用方案。在方案实施时还要依靠及时、准确的气象、水文情报与预报，作为决策的依据。

我国著名的水利水电工程——三峡大坝，不仅具有年均 849 亿 kW·h 的发电能力以及 5000 万 t 的航运能力，而且其 221.5 亿 m³ 的防洪库容，也将在长江防洪体系中发挥巨大的作用；荆江河段防洪标准从十年一遇提高到百年一遇，荆江两岸的 1500 万人口和 154 万 hm²（1hm² = 10⁴ m²）耕地将更加安全，而武汉地区的防洪安全也将得到保障，洞庭湖区的洪水威胁也会大大减轻，同时长江中下游防洪调度的可靠性和灵活性也将极大地增强。

2. 修筑堤防

堤防是为防止洪水泛滥或海潮入侵，沿江、河岸、海岸修筑的挡水建筑物。堤防是平原河道防治洪水灾害的主要工程措施。堤防的主要作用是约束水流、控制河势，防止洪水泛滥成灾，或者抗御风浪、海潮入侵等。

堤防是一项历史悠久的防洪工程，我国早在春秋、战国时期就开始修筑堤防。目前，沿各江河湖岸、海岸、洪水威胁比较严重的地区基本上已为大堤保护，堤防对减轻洪涝灾害起到了重要的作用。虽然河道两岸大堤本为防洪所建，然而意外的后果是大堤建造造成水流归槽，河床淤积，洪水位增加，增加了洪水威胁。因此，对大堤的效益评估是一个复杂的问题，可以说建堤对某些江河的防洪是一项治标的重大工程，是一近期效益工程，但受诸多因素的制约，堤防工程在今后一段时间内仍将是主导防洪工程之一。

3. 河道整治工程

为了防洪、航运、供水、排水及河岸洲滩的合理利用,按河道演变的规律因势利导,调整、稳定河道主流位置,以改善水流、泥沙运动和河床冲淤部位的工程措施称为河道整治工程。河道整治分两大类:①山区河道整治,主要有渠化航道、炸礁、除障、改善流态与局部疏浚等;②平原河道整治(含河口段),主要有控制和调整河势、裁弯取直、河道展宽及疏浚等。

4. 分洪工程

分洪工程在中国历史悠久。据记载公元前 256 至前 251 年,李冰主持修建都江堰工程,就有飞沙堰分洪设施。公元前 7 年贾让提出治理黄河的上中下三策即包括分洪方案。唐代在海河流域永济渠(今京杭运河的一段)以东开辟新河入海,在永济渠以西利用洼淀蓄涝,减轻洪水压力。

分洪工程一般由进洪设施与分洪道、蓄滞洪区、避洪设施、泄洪排水设施等部分组成,至少应有进洪设施和分洪道或蓄洪区。以分洪道为主的有时也称分洪道工程,在中国又称减河。以蓄滞洪区为主的,也称分洪区或蓄洪区。进洪设施设于河道的一侧,一般是在被保护区上游附近,河势较为稳定的弯道凹岸,用以分泄超过河道安全泄量的超额流量。

分洪道通常在河道的一侧,借用天然河道或利用低洼地带两侧筑堤而成。分洪道的路线选择,一般以地形、地质、洪水特性和社会经济情况等因素为依据,并以洪水演算成果确定分洪道断面尺寸及两岸堤距和堤顶高程。在适当地点开辟分洪道行洪,可将超出河道安全泄量的峰部流量绕过重点保护河段后回归原河流或分流入其他河流。分洪道的作用是提高其邻近的下游重点保护河段的防洪标准。

蓄滞洪区是利用天然洼地、湖泊或沿河地势平缓的洪泛区,加修周边围堤、进洪口门和排洪设施等工程措施而形成分蓄洪区。其防洪功能是分洪削峰,并利用分蓄洪区的容积对所分流的洪量起蓄、滞作用。分蓄洪区只在出现大洪水时才应急使用。对于分洪口门下游邻近的重点保护河段而言,启用分蓄洪区可承纳河道的超额洪量,提高该重点保护河段的防洪标准。分蓄洪区内一般土地肥沃,而我国人多地少,许多分蓄洪区已形成区内经济过度开发、人口众多的局面,这将导致分洪损失恶性膨胀的严重后果。因此,必须在分蓄洪区内研究采用防洪非工程措施,以确保区内居民可靠避洪或安全撤离,减小分洪损失。在分洪区运用时,为保障区内人民生命安全,并减少财产损失而兴建避洪安全工程。

(二)防洪非工程措施

非工程防洪措施是在肯定工程措施作用的前提下,根据一定的条件,通过法令、政策、行政管理、经济手段、技术手段等,尽可能地减轻洪水灾害损失。其主要内容包括洪水灾害预报、监测与预警,灾害应急,洪水灾害保险,紧急救助,减灾规划,减灾教育与立法等(图 2.3)。

1. 洪水灾害监测与预警

全国建有水文站 3450 个、水位站 1263 个、雨量站 16273 个、地下水观测井 13648处,形成了水文灾害监测网;卫星遥感技术也在洪涝监测中得到越来越广泛的应用,已可以进行比较准确的临灾预报和跟踪预报。

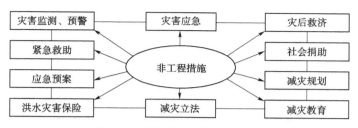

图 2.3 防洪非工程措施示意图

建立洪水预报警报系统。把实测或利用雷达遥感收集到的水文、气象、降雨、洪水等数据，通过通信系统传递到预报部门分析，有的直接输入电子计算机进行处理，作出洪水预报，提供具有一定预见期的洪水信息，必要时发出警报，以便提前为抗洪抢险和居民撤离提供信息，以减少洪灾损失。它的效果取决于社会的配合程度，一般洪水预见期越长，精度越高，效果就越显著。洪水灾害预警是为了在洪水灾害尚未形成时或继续发展前给人们警示和提醒，引起人们重视，并建议采取相应行动，以达到减少灾害损失和人员伤亡等目的。洪水灾害预警需要有技术支撑，如雷达测雨技术、遥感技术、地理信息系统技术、水文水力学模型模拟技术等。我国的洪水灾害预警机制自 2006 年 1 月《国家防汛抗旱应急预案》公布实施以来不断得以完善，普遍采用四级预警机制，但与其他国家，尤其是与英国、日本等发达国家相比，还存在需要提高和改进的方面，包括如何实现分级预警、精细化预警等。

2. 洪水灾害应急

灾害过程中应提高应急响应能力，突出以人为本，尽可能降低灾害性事件造成的人员伤亡和财产损失，最大限度地保护自然资源和环境。为更有效地开展突发事件的管理和救助工作，2006 年 1 月国务院发布了《国家突发公共事件总体应急预案》。该预案根据突发公共事件的发生过程、性质和机理，将突发公共事件分为自然灾害、事故灾难、公共卫生事件、社会安全事件四类。按照各类突发公共事件的严重程度、可控性和影响范围等因素分为特别重大（Ⅰ）、重大（Ⅱ）、较大（Ⅲ）和一般（Ⅳ）四级。同时还根据风险分析结果，将可能发生和可以预警的突发公共事件依次用红色、橙色、黄色和蓝色表示。目前，我国主管防洪的机构分中央和地方两大序列；国务院设立国家防汛抗旱总指挥部，统一指挥全国的防汛工作。国家防汛抗旱总指挥部办公室为其办事机构，负责管理全国防汛的日常工作，办公室设在水利部（图 2.4）。省、地、县设立防汛指挥部，负责所辖地区内的防汛组织和指挥工作，机构设在相应水行政主管部门，总指挥为当地行政领导。各大江河流域也设有防汛指挥部，负责流域内防汛组织和指挥工作。近年来，我国洪水灾害的应急管理工作取得了较大进展，应急队伍建设和技术水平不断加强，人民的生命财产安全得到了较好的保障。

3. 洪水灾害救济与社会捐助

从社会筹措资金、国家拨款或利用国际援助等进行救济，给受灾者以适当补偿，以安定社会秩序、恢复居民生产生活。救灾虽不能减少洪灾损失，但可减少间接损失，增加社会效益。

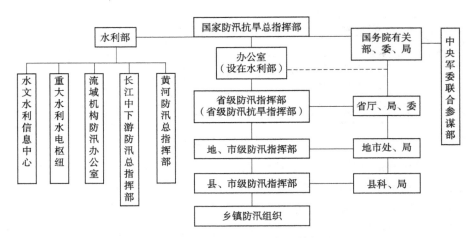

图 2.4 全国防汛抗旱指挥系统框图

4. 洪水灾害保险与基金

洪水保险是指投保人向承保人（保险公司）缴纳保险费，一旦投保人在保险期内因洪水灾害蒙受损失，承保人按既定契约予以经济赔偿。

洪水保险方式主要有两种：一是法定保险，又称强制保险，即依据国家有关法律、法令而实施的保险；二是自愿保险，即由保险双方当事人在自愿的基础上协商、订立保险合同而成立的保险；或者分为四类，即通用型洪水保险、定向型洪水保险、集资型洪水保险和强制型全国洪水保险。显然，在这种分类方法中，前三类具有自愿性质，而第四类则具有法定意义。

我国现阶段洪水保险机制主要有单保、代办和共保 3 种模式。

防洪基金是指各级政府专拨的防洪经费和向防洪受益区内从事生产经营活动的工商企业、集体与个人征收的有特定机构或组织管理的专用资金。它主要用于防洪工程的运行管理、维修加固、救灾善后以及新建防洪工程或实施新的防洪措施等方面。防洪基金的设立不是以营利为目的，而是用于发展防洪事业。

5. 减灾立法

减灾立法是最终保障防灾、减灾体制顺利建立和发展的根本出路。只有通过有关法律、法规的颁布，才能从根本上建立起全国统一的防灾体制，明确各级政府的职责，使人们在减灾活动中有法可依、依法行事。我国已于 1997 年通过了《中华人民共和国防洪法》，但有关法律法规仍需进一步研究和制定。

6. 减灾规划

1998 年国务院颁布实施《中华人民共和国减灾规划（1998—2001 年）》，明确了我国减灾工作的指导方针、主要目标和任务，成为中国减灾工作的基本依据。

7. 减灾教育

减灾教育始终是提高减灾能力的基础，也是全民风险意识养成的重要措施。减灾教育强调学校减灾教育与公众防灾意识养成相结合。学校减灾教育要注重实践，如最基本的应急避灾常识和技能的掌握，要特别关注各种减灾与应急响应"标识"或"标志"的标准化与国际化，以满足不同语言和文化环境条件的灾民应急的需要。

宣传教育要有针对性，因地制宜、因时制宜、因人施教。其形式多种多样，主要有以下几种形式。

（1）把自然灾害常识和防洪减灾知识纳入中小学课本，让青少年懂得防洪防灾的基本知识。

（2）通过广播电影电视、报刊杂志书籍、公益广告宣传、网络信息等媒体，向全社会宣传与普及防洪减灾知识。

（3）确立防洪日（周、月），开展多种形式的学习与培训活动，如防洪知识讲座、竞赛、抗洪英模报告、抗洪抢险演习、防汛抢险技术培训与经验交流等。

（4）编写《防洪手册》《防洪法律法规解读》《防汛抢险知识》等读物以及宣传画、宣传单等，在社会上广泛散发与张贴。

8. 洪水灾害风险评价

洪灾风险是洪水危险性和社会经济易损性的综合，在 ARC/INFO spatialanalyst 模块的支持下，将洪水危险性和社会经济易损性叠加，得到全国洪灾风险区划分级图，将其与中国的行政区划图相匹配，可以得到各风险级别大致分布的省份。

狭义的风险评价：主要针对致灾因子进行风险评价，从对危险的识辨到对危险性的认识，进而开展风险评价，它通常是对风险区遭受不同强度灾害的可能性及其可能造成的后果进行定量分析和评估。

广义的风险评价：对灾害系统进行风险评价，包括致灾因子风险分析、承灾体脆弱性与恢复力评价、孕灾环境稳定性评估等方面。其中，脆弱性和恢复力概念是近年来国际灾害学领域的热点研究内容。

第三节 涝 渍 灾 害

一、涝渍灾害的概念

涝渍灾害与洪灾都属水灾。涝渍包含涝和渍两部分。

涝灾一般是指本地降雨过多，或受沥水、上游洪水的侵袭，河道排水能力降低、排水动力不足或受大江大河洪水、海潮顶托不能及时向外排泄，造成地表积水深度过大、时间过长而形成的灾害。随着城市快速发展，城市内涝造成的灾害损失不断增长。在我国平原地带，尤其是沿江、沿河和滨湖地区地势平坦，常圈堤筑圩，汛期江河水位经常高于圩内地面高程，每当暴雨产生的径流不能由河道及时宣泄，或受大江大河的洪水顶托内水不能外排，最易形成涝灾。

渍害也称为湿害，是由于连绵阴雨、地势低洼、排水不良、低温寡照，造成地下水位过高、土壤过湿、通气不良，植物根系活动层中土壤含水量较长期地超过植物能耐受的适宜含水量上限，致使植物的生态环境恶化，水、肥、气、热的关系失调，出现烂根死苗、花果霉烂、籽粒发霉发芽，甚至植株死亡，导致减产的现象。如果地下水的矿化度较大，还会使土壤受到盐害，造成土壤次生盐碱化的恶果。

农作物的受淹时间和淹水深度是有一定限度的，超过这一范围，农作物正常生长就会受到影响，造成减产甚至绝收。农作物在产量不受影响的前提下，允许的受淹时间和淹水深度称为农作物的耐涝能力。作物的耐涝能力与作物的类别、品种和生育期密切相关。棉花、麦类、春谷的耐涝能力较差，地面积水超过一天可能造成减产，受淹一周以上就会死亡。水稻生长虽然需要一定水深，但水田中积水过深，超过水稻的耐淹能力，同样会造成水稻的减产或死亡。其中以没顶淹水危害最大，除返青外，没顶淹水超过一天就会造成减产的现象。

作物耐涝能力还与土壤性质、气候条件及水质状况有关。有关试验和研究表明，天气晴朗、气温较高、水质浑浊时作物耐淹能力降低。

如果农田土壤水分过多，土壤处于较长时间氧气不足的状态，会影响某些作物根系的正常呼吸，减少对钾素等营养物质的吸收，使作物生理机能失调受损，甚至引起根系窒息而死亡。作物在基本不受害的前提下，忍受土壤的最大含水量的上限和历时，称为作物的耐渍能力。同样，作物的耐渍能力与作物的类别、品种和生育期有关。一般来说，需水多的作物比需水少的作物耐渍能力强，浅根系作物耐渍能力强于深根系作物。

我国的涝渍灾害主要发生在七大江河中下游的广阔平原区：东北地区的三江平原、松嫩平原、辽河平原；黄河流域的巴盟河套平原、关中平原；海河流域中下游平原；淮河流域的淮北平原、滨湖洼地、里下河水网圩区；长江流域的江汉平原、鄱阳湖和洞庭湖滨湖地区、下游沿江平原洼地；太湖流域的湖东湖荡圩区；珠江流域的珠江三角洲等。山区谷地与河谷平原因受地下水影响，很易发生渍害，多分布在各流域的中、上游，如桂、川、赣、湘、豫、陕、晋等省区的丘陵山区。

二、涝渍灾害的主要成因

农田的涝或渍是一定的气候、水文、土壤、地形、土地利用的综合结果。高强度或长历时的雨量产生的径流、上游地区下泄的水量、河道决堤或漫溢，均可以造成地面积水成涝。当地下水位高、土壤入渗率低、地势低洼、排水条件差时，涝灾情况尤为严重。

（一）气象与天气条件

降雨过量是发生涝灾的主要原因。灾害的严重程度往往与降雨强度、持续时间、一次降雨总量和分布范围有关。我国的涝灾主要分布于各大流域的中下游平原，也是我国东部发生季风暴雨的地区。我国南方地区的年降雨量大于北方地区，汛期平均月雨量和最大月雨量很接近；北方年雨量小，最大月雨量相对较大。因此，北方形成的灾害性降雨频次并不低于南方。由于降雨量年际、年内分布不均匀，有些时期雨量大、强度高，造成洪涝灾害；有些时期阴雨连绵、低温高湿，造成土壤过湿和地下水位过高；引发渍害。

从北方到南方，农作物的品种布局有很大差别。东北地区农作物有春小麦、大豆、高粱、水稻等，因气温低，无越冬农作物。除东北地区以外的北方平原区可以生长两季作物，因受水源限制，以旱作物为主。南方各省水源较充沛，以水稻、小麦为主。根据我国南方灾害性暴雨发生日期和雨量统计资料，暴雨发生的季节北方基本上在 5 月上旬至 9 月上旬，南方可提前到 4 月中下旬。从淮河到珠江的沿海地区，暴雨发生季节持续时间最长，主要农作物的生长期基本上处于暴雨季节，对排涝除渍较为不利。

大范围的渍害，往往起因于较长历时的降雨。长江下游地区 3—5 月降雨量大于

300mm，淮河下游地区大于 250mm，小麦产量明显下降到平均水平以下。东北三江平原无越冬作物，农作物生长期一般在 4—9 月，当 30d 雨量超过 200mm 时，即发生明显渍害。根据淮河下游地区的调查材料，7—9 月降雨量大于 600mm，皮棉产量减产一成，汛期雨量大于 1000mm，皮棉产量要减产五成。棉田一般种在高地，以渍害为主。例如，陕西省关中平原 1962 年 6—8 月霪雨不止，渍害严重。

平原稻麦两熟农田，渍害主要发生在夏收作物的后期，如江苏省无锡市 1977 年 4、5 月份连绵阴雨，雨日 33d，降雨 299mm，小麦产量由 1976 年的每公顷 3210kg 下降到当年的 1230kg，减产 61.7%。江、淮、海下游地区，由于受季风影响，麦作后期经常发生阴雨连绵的天气。据苏州雨量站 24 年资料统计，3—5 月多年平均降雨量大于 0.1mm 的雨日数为 39d，即 2.5d 中有一个雨日，在 24 年中，1951 年、1958 年、1960 年、1963 年、1973 年雨日数均超过 47d，即两天中一天有雨。

（二）土壤条件

农田渍害与土壤的质地、土层结构和水文地质条件有密切关系。土质黏重的土壤，渗透系数小，土壤中的水分难以排出，形成过高的地下水位与浅层滞水，土壤地下水位易升不易降。一次降雨后，通常一天内地下水位就上升到接近田面，而要降至 1m 以下，至少要半个月，不利于农作物的生长。

1. 东北三江平原

白浆土、草甸土、沼泽土约占三江平原面积的 56%，其特点是质地黏重、孔隙率低、渗透性弱。白浆土渗透系数仅 0.045cm/d，干时坚硬，湿时泥泞。三江平原的季节性冻土，一般从每年 10 月开始向下冻结，到次年 2 月冻土层厚度可达 1.5～2.0m，4 月开始融冻，6 月可融尽，在此期间表层融冻，底部冻结形成隔水层，使雨水无法下渗而形成涝渍。

2. 海河平原

在海河中下游地区的潮土，属重黏壤土与黏土，质地紧密渗透性低，排水困难。

3. 黄河流域关中平原沉积物

关中平原即渭河平原，渭河平原为秦岭以北，沿渭河自宝鸡至潼关的狭长地带，东西长约 360km，南北宽窄不一，西安以东最宽约 100km。地势由西向东倾斜，地面坡度逐渐减缓，海拔由 800m 下降到 460m，属地堑式构造盆地，是经黄土堆积、河流冲积而形成的冲积、洪积平原。土层由大量沉积物组成，母质中含有溶盐，由于长期引水灌溉，地下水自西向东运行，形成关中平原涝渍盐碱灾害自西向东逐渐加重的趋势。

4. 淮北平原的砂礓黑土层与沙土

淮北平原广泛覆盖着不同厚度的属第四纪上更新统河湖相沉积物，主要是砂礓黑土，质地密，孔隙率小，透水性能差，干时坚硬，湿时泥泞，排水不良，为淮北最易发生涝渍的一种土壤。该地区黄泛区沙土质地疏松，极易产生风蚀水蚀，水土流失严重，开挖的沟渠容易淤浅，影响排水。

5. 鄱阳湖地区

鄱阳湖滨湖地区多为红壤性水稻土，土层深厚，易板结，通透性差，排水困难，常形成土层上层滞水，加之雨期长、排水不畅，易发生涝渍。

6. 江汉平原

荆江及汉江两岸平原，为冲积或湖相沉积土壤，沉积层深厚，渗漏性差，渗流滞缓，易生涝渍。

7. 洞庭湖滨湖地区

洞庭湖滩地及滨湖平原，土壤为沼泽土、紫潮土、紫潮泥，下层冲积土透水性强，表层透水性一般。

8. 太湖水网圩区

太湖下游地区、杭嘉湖、洮涌湖边圩区，土壤主要属青紫泥、黄心青紫泥，颗粒细、土质黏重、通透性差，造成该地区易涝怕滞的状况。

9. 珠江三角洲

珠江三角洲为西北东三江携带的泥沙在古海岸淤积的平原，多为潮泥田、泥肉田、低土朗田，沙壤土上的积淤泥透水性能较差。

（三）地形地貌

1. 松嫩平原的闭流区

松嫩平原地势平缓，地形复杂，多为闭流的浅平洼地，无尾河道众多，形成诸多泡沼。河网稀疏，排水困难，雨后河水漫流扩散，造成农田积水受淹。松花江干流中部涝区及第二松花江涝区属于山前河谷冲积平原，地形高低起伏，变化复杂，形成众多洼地、水泡和小闭流区。雨后积水排不出，加上两侧台地的坡面径流入侵，形成农田积水。

2. 海河平原与洪水河道区间洼地

海河流域为黄河的冲积平原，地面坡度上陡下缓，沿京广铁路地面高程 50m，向西为丘陵山区，向东至滨海降至 10m 以下，为一片广阔平原。地势平坦，地面坡度由 1/1000 降至不足 1/10000，加上受海潮顶托，排水缓慢。黑龙港、运东及清南清北涝区，属洪水河道区间洼地，本身无排水出路，四周受排洪河道的堤防包围，历来涝渍严重。

3. 黄泛区的特殊地貌

徒骇、马颊河地区与卫河平原为历史上的黄泛区，从公元前 602 年到 1938 年，黄河改道 26 次，其中 11 次流经该地区，形成坡、洼、湖沼与沙岗、丘垄相间的地形，雨后洼地积水，排水困难。黄河南泛对淮北平原和鲁西南平原影响也很大，在黄河夺淮的 622 年中，西起开封东至海滨皆为黄泛区，破坏了原有水系，淮河改道入江。泗水、古汴河、濉河、涡河、颍河均曾为黄河泛道，泛道两岸泥沙堆积成岗地，岗地之间则形成洼地，当再次改道时，相互交叉堆积，出现了许多封闭洼地，而成为平原区的重点灾害区。

4. 珠江三角洲的泥沙淤积

珠江三角洲上游每年带来约 7000t 泥沙，其中 60％左右在入海 8 个口门的岸边沉积，滩涂每年向海延伸约 100m，河口区水流分叉，而形成水网。因地势低洼平坦，排水沟渠泥沙淤积，排水不畅，加上受潮汐顶托，农田失去自排能力而形成涝渍灾害。

5. 平原洼地和圩区

三角洲、沿江河及滨湖平原洼地和圩区，地势低洼，河网水位距地面多数不到 1m，有的只有 0.5m 左右。邻近外河（湖）高水位，常常受到侧渗补给，引起地下水位升高，因而出现地面水受河网水位顶托，排泄不畅，排降地下水也更为困难，如长江三角洲、太湖流域东部平原、淮河下游里下河平原圩区等。

（四）人类活动的影响

人类活动对涝灾的影响是多方面的。从涝灾的成因出发，人类活动改变了下垫面的属性，造成水土流失，增加洪、涝、渍灾。

1. 盲目围垦和过度开发

由于人类盲目围垦和过度开发，造成水土流失，调蓄库容减少，大大增加了洪涝灾害。如洞庭湖作为长江中下游最重要的过水性调蓄湖泊，湖的蓄水容积由 1949 年的 293 亿 m³ 下降到现在的 178 亿 m³。据史料记载，285—1868 年洞庭湖水灾平均 41 年一次，而现在水灾已缩减到不足 5 年就有一次。近几十年来，在人口加速增长的重压下，由于围垦而消亡的湖泊达 1000 余个，湖泊面积和容积也大大减少。1949 年洞庭湖面积为 4350km²，1958 年减少到 3141km²，1978 年湖泊面积仅存 2691km²。湖泊蓄水容积由 1949 年的 293 亿 m³ 下降到 1978 年的 174 亿 m³，下降了 40.6%。从湖泊的生态价值来总体评价，这种过度围垦是一种严重的失策。太湖流域 1950—1990 年累计围垦大小湖泊面积近 300km²，降低了湖泊的调节能力，从而扩大了洪涝灾区的范围。珠江河口大量围垦滩涂，河口不断向前延伸，而排洪河道未得到相应治理，排水受阻，壅高了上游水位。三江平原 1949 年易涝易渍耕地面积为 32.5 万 hm²，1965 年为 52.1 万 hm²，1975 年以后大量开垦，但水利建设未跟上，垦区排水标准过低，至 1990 年易涝易渍耕地面积增至 221.5 万 hm²。

2. 超采地下水造成地面沉降

在人口比较密集的地区和城市化地区，由于水源短缺或水质恶化，常常出现过度开采深层地下水的状况，造成地面沉降，引发洪涝灾害的加剧。例如，根据对江苏省苏南几个城市调查，城市沉降中心的累计最大沉降量：苏州市 1.45m，无锡市 1.14m，常州市 1.10m；苏、锡、常三市累计地面沉降大于 600mm 的面积分别达到 80.4km²、60.0km²、43.0km²。除了苏、锡、常三市的沉降中心外，在锡山市、张家港市、江阴市、常熟市、昆山市、太仓市、横林镇、黄埭镇、盛泽镇等地还发育有多个地面沉降中心，累计沉降量大于 300mm 的地面沉降漏斗面积约 1500km²。在 1991 年洪涝灾害中，沉降洼地灾情特别严重的苏州市城西地区、无锡市东北广益地区、常州市城南地区积水深度和淹没时间都超过相邻地区。上海市从 20 世纪初就开始了地面沉降，地面最大累计沉降量已达 2.63m，形成了面积约 1069km²、边缘高程小于 4m 的洼地，中心城区大部分面积已经低于 3.0m。在一般高潮条件下，市区大多数河流已成为"地上河"，在暴雨期若遭遇高潮，排涝泵站关闭，则大部分地区排水困难，会造成严重内涝。

3. 新建或规划排水系统不合理

一些地区在规划或调整水系中未经科学论证，使得新的排水系统布局不合理，破坏了原有排水系统，不能满足地区的排水需求。如淮河下游苏北灌溉总渠北部地区，总面积 1967km²，耕地 11.3 万 hm²，人口 92 万，该地区原有排水河道，水流自北向南排入白马湖、马家荡、射阳湖，排水流畅。1952 年开挖总渠，截断排水河道，后开挖自西向东排水渠入海，路线长，标准低，多年来该区涝灾严重，一般年份受灾 2 万 hm²，大水年受灾 6 万～7 万 hm²。又如，黄河流域金堤河，集水面积 5047km²，耕地 35.2 万 hm²，原来是自流入黄的，1949 年修复黄河堤防，将入黄口门堵死，仅能向东排水 $25m^3/s$ 入小运河，灾情十分严重。直至 1964 年才修建张家庄闸，但黄河河床已淤高，排水能力下降，自排入黄已很困难。

4. 灌排失调

有些地区，地下水位原来并不高，由于重灌轻排，缺乏排水设施，或灌排缺乏配套，渠系布置不当，渠道施工质量低劣，渠道输水渗漏损失大，加之管理不善，破坏了生态的自然平衡，致使地下水位上升，引起作物受渍。

5. 城市化的影响

城市化的进程增加了城市的不透水面积，如屋顶、街道、停车场等，使相当部分区域为不透水表面所覆盖，致使雨水无法直接渗入地下，洼地蓄水大量减少。城市地区不透水面积的增加直接导致雨水汇流时间缩短，洪峰流量加大。例如，北京市 1959 年 8 月 6 日和 1983 年 8 月 4 日发生的两场降雨的雨量及强度相似，总雨量分别为 103.3mm 和 97.0mm，最大 1h 雨量为 39.4mm 和 38.4mm。但二者的洪峰流量分别为 $202m^3/s$ 和 $398m^3/s$，后者较前者增大了近 1 倍。

在城市建设中，地表的改变使地表上的辐射平衡发生变化，影响了空气运动；工业和民用供热将水汽和热量也带入大气中；建筑物引起的机械湍流、各种热源引起的热湍流以及城市上空形成的凝结核可以影响当地的云量和降雨量。城市热岛效应和气候条件的变化，对降水造成了较大影响。研究表明，城市化可使暴雨中降雨总量和平均雨强增大。降水异常现象增多会造成原有排水工程设计标准偏低。

一些城区排水管网建设滞后，尤其在一些旧城区，排水标准较低，排水能力不够，造成积水严重。随着城市的快速发展，雨水管道等市政建设与城市改造还存在着不同步的现象，一些新建居民小区未按标准新建排水设施，而是接入原有的市政管线，加大了排水负荷，当雨水量超过排水系统设计能力时，就会导致道路排水不畅。此外，每年雨季，雨水口、雨水管渠、排涝河道往往沉积了大量的淤泥等污物，如不及时清通，遭遇暴雨就会造成排水不畅，引起地面积水成涝。

三、涝渍灾害的分类

（一）按发生的季节分类

按涝渍灾害发生的季节可以分为春涝、夏涝、秋涝和连季涝。

1. 春涝

春涝主要是由于连绵阴雨天气形成，其特点是降雨强度小、影响范围广、持续时间长。南方春季连阴雨量一般为 30～100mm，雨区范围最大可达 100 万 km^2 以上，持续 1～2 个星期甚至一个月之久。主要分布在华南地区、长江中下游地区，常引起小麦、油菜烂根、早衰和病害。

2. 夏涝

夏涝主要发生在雨带缓慢移动或持续停留所造成的雨季，其特点是降雨强度大，可能引起山洪或平原地区河水泛滥，在地势低洼、排水不畅地区积聚大量涝水，造成涝渍灾害。例如，在每年 5—7 月间，江淮流域中下游进入典型的黄梅季节，常常 10～20d 少见阳光，有时连绵阴雨可持续 1～2 个月之久。如果梅雨期长、雨量大，会造成严重的涝渍灾害。

3. 秋涝

秋季的连绵阴雨会造成涝渍灾害，涝情特点与春涝类似。秋涝在西南各省及陕西中南部发生较多，其次是华南、江淮和黄淮等地，对秋作物生长和产量有很大影响，也不利于秋收和秋种。另一种情况是在东南地区和华南地区台风雨可造成秋涝，其特点是降雨强度大，持续时间短。

4. 连季涝

连季涝一般指春涝发生后紧接夏涝或夏涝后紧接秋涝的两季连涝。这种情况出现的概率较小，影响范围也不大，但可能对局部地区造成严重的涝渍灾害。

（二）按地形地貌分类

涝渍灾害的形成与地形、地貌、排水条件有密切的关系。按地形地貌可划分为平原坡地、平原洼地、水网圩区、山区谷地、沼泽地等几种类型。在我国平原坡地易涝易渍面积最大，约占全国易涝易渍耕地的 46.1%；沼泽化与沼泽地易涝易渍面积较小，约占全国易涝易渍耕地的 5.0%。按地形地貌的另一个特殊易涝地区是城市化地区，其涝灾主要为排水不畅引发的地面积水。

1. 平原坡地型

平原坡地主要分布在大江大河中下游的冲积平原或洪积平原，地域广阔、地势平坦，虽有排水系统和一定的排水能力，但在较大降雨情况下，往往因坡面漫流缓慢或洼地积水而形成灾害。属于平原坡地类型的易涝易渍地区，主要是淮河流域的淮北平原，东北地区的松嫩平原、三江平原与辽河平原，海滦河流域的中下游平原，长江流域的江汉平原等，其余零星分布在长江、黄河及太湖流域。

2. 平原洼地型

平原洼地主要分布在沿江、河、湖、海周边的低洼地区，其地貌特点接近平原坡地，但因受河、湖或海洋高水位的顶托，丧失自排能力或排水受阻，或排水动力不足而形成灾害。沿江洼地如长江流域的江汉平原，受长江高水位顶托，在湖北省境内的平原洼地面积达 127.2 万 hm^2；沿湖洼地如洪泽湖上游滨湖地区，自三河闸建成后由于湖泊蓄水而形成洼地；沿河洼地如海河流域的清南清北地区，处于两侧洪水河道堤防的包围之中，易涝耕地达 64.3 万 hm^2。

3. 水网圩区型

在江河下游三角洲或滨湖冲积平原、沉积平原，水系多为网状，水位全年或汛期超出耕地地面，因此必须筑圩（垸）防御，并依靠动力排除圩内积水。当排水动力不足或遇超标准降雨时，则形成涝渍灾害，如太湖流域的阳澄淀泖地区、淮河下游的里下河地区、珠江三角洲、长江流域的洞庭湖和鄱阳湖滨湖地区等，均属这一类型。

4. 山区谷地型

山区谷地型涝渍灾害分布在丘陵山区的冲谷地带。其特点是山区谷地相对低下，遇大雨或长时间霪雨，土壤含水量大，受周围山丘下坡地侧向地下水的侵入、水流不畅，加上日照短、气温偏低而致涝致渍。

山丘区涝渍低产田，受低水温的影响，土温较低。土壤长期受水浸渍，土体为水分所饱和，水、肥、气、热不协调，有机质在嫌气细菌分解下产生的硫化氢、亚铁、有机酸等有害物质，使养分吸收等机理衰退，影响植物上部的代谢，如水稻易黑根、浮秧、死苗或不发棵、返青迟、分蘖慢、植株矮小、产量低。这些涝渍低产田由于所处地理位置和浸渍水源不同，有渍水、长流水、冷泉水、山洪水等，形成不同的渍害。冷浸田主要分布在山区小溪和河流两侧盆地，受冷泉水的浸渍而成；烂泥田和锈水田分布在平畈的低洼地及山坞地带，因长期浸渍而成；陷泥田分布在冲畈地的低洼处，地下水位高，明涝暗渍，土粒分散，泥深湖烂，难以耕作；冷浸田和烂泥田中因亚铁离子较多，有明显的锈水溢出而形成锈水田。

5. 沼泽湿地型

沼泽平原地势平缓，河网稀疏，河槽切割浅，滩地宽阔，排水能力低，雨季潜水往往到达地表，当年雨水第二年方能排尽。在沼泽平原进行大范围垦殖，往往因工程浩大、排水标准低和建筑物未能及时配套而在新开垦土地上发生频繁的涝渍灾害。

我国沼泽平原的易涝易渍耕地主要分布在东北地区的三江平原，易涝易渍耕地总面积约 120.5 万 hm^2。黄河、淮河、长江流域也有零星分布，总计约 4.7 万 hm^2。三江平原 1979—1990 年沼泽地受灾面积共 310.6 万 hm^2，平均每年 25.9 万 hm^2，约占沼泽地易涝易渍耕地面积的 21%。

6. 城市型

城市内涝是指强降雨或连续性降雨超过城镇排水能力，导致城镇地面产生积水灾害的现象。全球气候变化以及快速城市化背景下，暴雨内涝已经成为中国城市频繁发生、损失严重且影响较大的头等灾害。2012 年北京发生"7·21"特大暴雨内涝事件，2013 年上海"9·13"暴雨内涝，2014 年深圳"5·11"暴雨内涝等，近年来，"到城市看海"事件屡见不鲜。城市内涝造成了较长时间的城市基本机能瘫痪和巨大的经济损失，影响人们正常的生产生活的同时甚至对人们的生命财产安全产生了严重威胁。城市内涝问题对城市的健康、可持续发展是一个巨大的挑战，是中国城市化过程中面临的重大问题。

城市内涝是一种复杂的自然社会现象，是暴雨灾害与人为作用双重影响的结果。从自然因素来看，城市内涝主要受气象条件和地形地势因素的影响。全球气候变暖背景下，极端暴雨事件发生的频次和强度均有所增加。社会因素中，排水设施和土地利用对城市内涝的影响较为显著。中国城市的雨水管网普遍存在设计标准偏低、建设不合理、管护力度不够等问题，在面对极端降水事件时已无法发挥很好的效用，甚至成为积水内涝的重要诱因之一。土地利用方面的大量研究表明，城市大面积的不透水面会阻隔地表水下渗，切断地表水与地下水之间的水文联系，导致水文循环过程中雨水蒸散发、下渗以及地表径流的比例失调，提高城市内涝灾害的发生频次和强度。

（三）按渍害发生性质分类

目前，国内渍害的分类尚无统一的划分规定，现根据我国的实际情况划分为涝渍型、潜渍型、盐渍型、水质型等几种渍害类型。

1. 涝渍型

平原各种类型地区易涝易渍农田，一般是涝灾与渍害并存，雨期涝水淹没农田，雨后地下水排不出而形成渍害。在平原坡地，如河网不密，河道切割不深，而土壤又较黏重，雨后很易形成渍害，特别是高地中的洼地，往往是渍害的重灾区；在平原洼地和水网圩区，如无有效降低地下水位的工程措施，因受外河水位顶托，地下水难以排出也易形成渍害。

2. 潜渍型

由于地下水自下而上或侧向渗入，使农田地下水位过高而形成的渍害，如丘陵山区的冷浸田、滨河滨湖的平原洼地因外水渗入的渍害田等。

3. 盐渍型

盐渍型农田是含有盐碱成分的地下水位因某种原因升高，通过土壤蒸发而使耕作层中盐碱逐渐累积，超过了农作物的耐盐碱能力的农田。次生盐碱一是由于涝渍而形成，长期积水排不出而使农田返盐返碱；二是引用外水灌溉，抬高了地下水位，特别是灌溉渠系两侧农田易引起次生盐碱；潜渍型农田也可因含有盐碱成分的外水渗入而引起次生盐碱化。

4. 水质型

它专指农田土壤含有酸性水分而影响农作物正常生长的农田，主要分布在珠江下游地区。

各种类型渍害田的分类较为复杂，如涝渍可能兼为潜渍型，也可能为次生盐碱型。在进行渍害农田统计时，只能按形成渍害的主要因素进行分类。

四、涝灾的防治

（一）农业除涝系统

农田排水系统是除涝的主要工程措施，其作用是根据各类农作物的耐淹能力，及时排除农田中过多的地面水和地下水，减少淹水时间和淹水深度，控制土壤含水量，为农作物的正常生长创造一个良好的环境。按排水系统的功能可分为田间排水系统和主干排水系统。田间排水系统承接农田中多余的水及来自坡地的径流，输送至主干排水系统。主干排水系统将涝水迅速地输送至出口，或排出受保护的农业区。

1. 田间排水系统

田间排水系统的功能是排除平原洼地的积水以防止内涝，或截留并排除坡面多余径流以避免冲刷，也可用于降低农田的地下水位以减少渍害。

（1）平地田间排水系统。地面坡度不超过2%的地区可以认为是平地，其排水能力相对较弱，在暴雨发生时易受涝成灾。平地的田间排水系统可以采用明沟排水系统或暗管排水系统两种类型。田间排水系统的明沟属排水系统中末级排水沟，一般采用平行布设形式。

由于平地的田间排水系统包括畦、格田、排水沟等单元。这些排水单元本身具有一定的蓄水容积，在降雨期可以拦蓄适量的雨水，其最大拦蓄水量称大田蓄水能力。大田蓄水量一部分下渗补充土壤通气层缺水量，一部分补充地下水并造成地下水位的升高，还有一部分积聚在沟渠、畦和水田中。超过大田蓄水能力的雨水需通过田间排水系统排除。应根据设计的排水流量，分析计算排水沟的间距和断面过水面积。若同时考虑地下水排水以控制地下水位，则应综合考虑地下水的适宜埋深、土壤特性以及规划要求，确定排水明渠的设计值。一般可以结合试验资料采用有关的公式计算。采用明渠排水的优点是可以同时考虑排除地表径流和地下径流，对渠道坡度要求不高，检查方便。缺点是占用土地，渠道容易淤积和生长杂草影响排水，不利于机械化耕作。如果采用暗管排水系统，可以免除这些缺陷，而且管道间距不受机耕的限制。通过控制管道的埋深可以增加水力坡度，并有效地控制地下水位。但暗管工程费用高，养护困难。但从发展趋势看，暗管排水系统前途看好。

（2）坡地排水系统。当地面坡度超过 2% 时可作为坡地处理。由于坡地降雨径流流速较大，易于造成坡面土壤的侵蚀流失，从坡面下泄的流量有可能造成下游农田的洪涝灾害。另外，坡地不易保水是其不利条件。为了保水，坡度常常梯田化，使原有的坡面变成若干垂直的台阶，具有水平的表面和无坡度的梯田沟。

如果考虑排水和控制冲刷，梯田可以采用等高明渠系统或标准防冲系统。等高明渠系统适用于坡度小于 4% 的土地，梯田沿坡度方向呈倾斜状，每隔一定距离布设一条排水沟，排水沟大致沿平行于土地的等高线走，以截住高地的排水流量，输送至主干排水系统。标准防冲系统适用于坡度大于 4% 的土地，基本特性与等高明渠系统类似，仅是排水明渠位于高程较低一侧的堤岸适当加高以截留更大流速和流量的水流。

为了防止坡地径流对下游平地的洪涝灾害，应在坡地的下部区域修建引水渠道或截洪沟，把水引入主干排水系统。渠道的深度和截面积应不小于 0.45m 和 0.7m²。为了防止渠道淤积，必须在渠道上坡一侧修建滤水带。

2. 主干排水系统

主干排水系统的主要功能是收集来自田间排水系统的出流，迅速排至出口。它有两种类型：一种系统的目的是收集和拦截农业区周边坡地的径流，以保护农业区免受淹没；另一种系统是收集平地多余的水量并排出农业区。一些地区修建的主干排水系统还具有综合用途，如灌溉引水、排除污水、航运等。

组成主干排水系统的单元可能有渠道、堤防、泵站、水闸、入口、涵洞、跌水或陡坡等。排水渠道是主干排水系统的最基本单元，其设计应根据田间排水系统设计标准和排泄流量以及流域的地形条件进行。

由于主干排水系统与田间排水系统相对独立，为了保证涝水的及时排除，主干排水系统排水沟的水力坡降可大于田间排水系统，但应以不冲不淤流速来选择沟渠坡降。在小渠道进入干渠的汇合口应设立排水入口，以防止溯源冲刷。当坡降过大时应增加跌水或陡坡加以消能。通过增高排水渠道两侧堤岸可以使渠道过水断面和调蓄量增大，增加排涝和储洪能力。排水渠道若采用土沟，通常是梯形断面，边坡大小取决于土壤特性和开挖深度。渠道的最佳宽深比是基于最小过水断面来选择。对于有混凝土护砌的梯形断面，在边坡系数 m 已知时，最佳宽深比 β 可用式（2.1）计算，即

$$\beta = 2(\sqrt{1+m^2} - m) \tag{2.1}$$

如果是土渠，可以采用经验公式估算宽深比 β。例如，美国垦务局提出的公式为

$$\beta = 4 - \frac{1}{m} \tag{2.2}$$

在受保护农业区，若区外水体的水位较高，则主干排水系统在出口处需设立泵站和水闸。在外河水位较低时开闸，渠道中的涝水按重力流方式自排。当外河水位高于内河时关闸，防止洪水漫溢至保护区，同时可开动泵站排除区内涝水。

（二）排涝规划

1. 排涝标准

排涝标准是设计排水系统的主要依据，设计标准高则保护区发生涝灾的风险小，涝灾损失低，但所建排涝工程规模大，工程投资费用和运营维护费用高；排涝标准降低，排涝工程投资和影响维护费用少，但保护区的涝灾风险和涝灾损失增大。因此，如何确定排涝标准，应综合考虑排涝系统的净效益、地区经济条件和发展，依据国家和地方有关部门颁布的规范和规程分析确定。

排涝标准有两种表达方式：第一种表达方式是以排除某一重现期的暴雨所产生的涝水作为设计标准。如 10 年一遇排涝标准是表示排涝系统为保证保护区不遭受涝灾的前提下，能可靠地排除 10 年一遇暴雨所产生的涝水。第二种表达方式不考虑暴雨的频率，而以排除造成涝灾的某一量级的降雨涝水作为设计标准，如北京市、上海市、江苏省农田排涝标准采用的是 1d 雨量 200mm 不遭灾。应该注意的是，在确定排涝标准时，系统的排涝时间是非常重要的，如 1d 雨量产生的涝水是 1d 排出还是 3d 排出，则是两个不同标准，显然是前者标准高，设计排涝流量大，农田可能的淹水历时短，排涝工程规模和投资高。比较排涝标准的两种表达方式：第一种方式以暴雨重现期作为排涝标准，频率概念比较明确，易于对各种频率涝灾损失进行分析比较，但需要收集众多雨量资料进行频率计算以推求设计暴雨；第二种方式直接以敏感时段的暴雨量为设计标准，比较直观，直接得出设计暴雨，但缺乏明确的涝灾频率概念。

2. 规划原则

排涝规划要贯彻统一规划、综合治理、蓄排兼顾、以排为主的原则。统一规划就是从全局出发，考虑到上下游、左右岸、区内外、主客水之间的关系，排水系统的建立应是有利于整个区域的排涝，同时兼顾到局部的利益。不能因为局部工程的建立损害整体的排涝工程布设和排涝效果。综合治理就是要在建立排涝系统时同时考虑到灌溉、治碱、环境、航运、渔业等方面的要求，以保证取得最大的效益。蓄排兼顾、以排为主是说明尽快排泄涝水是排水系统的主要选择，但要充分利用排水系统和保护区的蓄水功能。这一方面可以减小排水系统的规模和造价，另一方面可以减少涝灾损失。

在规划工作中要根据区域总体规划和经济条件，区别轻、重、缓、急，近、远期相结合，全面规划，分期实施，随区内经济发展，逐步提高排涝标准和排涝系统的规模。在区内，也应根据保护对象的重要程度和损失情况，分别采用不同的排涝标准。

为了提高排涝系统的效益，应从实际出发，因地制宜制订规划方案，尽可能做到就地取材，以降低工程建设费用。

排涝非工程措施的作用不能忽视。近年来，非工程措施在排涝方面的应用得到更多的重视，包括水土保持措施、水文气象情势预报、灾情预测和评估、涝灾风险图绘制、防灾减灾对策和措施的制定等。这些非工程措施对地区涝灾防治可以起到工程措施难以发挥的作用，最大限度地提高了排涝减灾的效益。

3．规划程序

排涝规划的程序包括以下步骤：

（1）收集资料。主要是与排涝规划有关的各类资料，包括区域农业发展规划和流域水利规划报告，土壤和地形特性，水文与气象观测数据，现有水利工程设计资料，历史上该地区涝灾成因和灾害情况，同时应深入现场进行查勘和调查。

（2）确定标准。要根据保护区域的重要性、当地的经济条件、排涝工程建设的难易程度和费用、涝水造成的灾害损失程度、工程使用年限等因素综合考虑，确定相应的排涝标准。根据排涝工程建设的需要与投资的可能，可以采用全面规划、分期实施方针，对近远期工程分别定出不同的排涝标准。在同一区域中，如果土地利用性质差别较大，应根据不同防护对象的重要性采用不同的排涝标准。

（3）分析计算。根据收集的资料和排涝标准，按规划的原则拟定各类可能的排涝方案，采用合适的水文学和水力学方法，计算工程的规模和相应的尺寸及每一方案的投资费用和排涝效益。

（4）筛选方案。根据计算结果进行分析，主要从排涝净效益的角度评价方案的优劣，同时兼顾考虑区域农业的发展和目前的经济条件。最终提出推荐方案，并撰写规划报告。

（5）上级审批。排涝规划需经有关部门组织评审，并经上级主管部门审批后生效。

（三）排涝措施

1．洪涝分治

治洪是排涝的前提，在洪涝并存的地方必须按照洪涝分治、防治结合、因地制宜、综合治理的原则，采取蓄泄兼筹，整治骨干排洪河道，扩大洪水出路，在保障大片地区的防洪安全基础上，为农田涝水解决出路问题，因地制宜地规划行洪河道和排涝河道，排除洪水干扰。

2．分片排涝

平原地区的地形特点，总的来说较为平坦，但因其范围广阔，地势仍然还有高差。如果不采取高、低地分开，势必造成高地排水要压向低地，使低地受淹，从而加重低地的排涝负担，低地涝水更难以及时外排。同样，低洼水网圩垸地区虽然地形也较为平坦，但圩内地形也存在高差，每逢暴雨，高水低流，加重低地的涝情，引起高低地之间的排水矛盾。

因此，在排涝规划中，除了建立河网系统外，还应考虑在高低地分界处划分梯级、建闸控制、等高截流、高低分开、分片分组排涝，使各片自成水系，灵活调度，达到高水高蓄高排，低水低蓄低排，高地自排，坡地抢排，洼地抽排，排涝滞涝结合。

3．排蓄结合、自排为主

平原、圩区当外河水位高于保护区地面高程时，往往不能自流外排，此时应充分利用原有湖泊、沟塘，洼地滞涝，以减小抽排流量，降低圩垸排涝模数。

单靠自流外排与内湖滞涝仍不能免除涝灾威胁的地区，需要辅以抽排。但是，为了尽量减少装机容量和抽水费用，在规划和管理时必须坚持以自排为主的指导思想，并采取一切措施尽量利用和创造自流排水的条件。有条件时可适当抬高内河、内湖滞涝水位，以争取更多的自流外排条件。

4. 控制运用、加强管理

修建排涝工程固然十分必要，但不可忽视对其控制运用和加强管理，特别是有蓄水要求的河网，要做好及时预降，以增加河网滞涝蓄量，提高抗涝能力。汛期更要及时收听天气预报，做好雨前预降预排，并按雨情和涝情分布，通过工程控制调度，降低涝灾损失。

要管好用好排涝工程设施，充分发挥其效益，必须认真建立和健全管理组织，制定必要的控制运用制度，做好工程养护维修工作。

（四）城市内涝治理

对于城镇地区排水，除建立管渠排水系统外，还需采用一些辅助性工程措施。

1. 增加雨水下渗能力

为了减少城市化地区地表径流量，削减地表洪峰流量，应注意增加地表渗透能力。最基本的方法是尽可能扩大城市绿地面积，在一些局部不透水区域，如广场、体育场的周边设立等高绿地，截留部分排泄雨水。

通过铺砌透水沥青公路、多孔混凝土广场、砖或砾石人行道和巷道，可以显著增加雨水下渗能力。透水铺装的材料可以是透水沥青混凝土、嵌草砖或无砂混凝土透水砖等。不同渗透铺装材料削减径流量的幅度不同，一般可达 30%～60%。沥青混凝土透水路面孔隙率可达 60%。纽约州罗彻斯特市的一个停车场采用了透水性路面后，高峰径流速度减缓 83%。加大渗透铺装面积可以使地面径流雨水分散、就地排放，又可以补充地下水，促进植物生长。采用透水性排水管道、渗透池、渗透井，增加入渗量，也是减少地表径流量的选项。

日本从 20 世纪 80 年代初开始雨水渗透技术的研究，已从实验研究阶段进入推广实施阶段，纳入国家下水道推进计划并制定了雨水渗透设施的标准。到 1996 年初为止，仅东京都就采用渗透检查井 33450 个，透水性排水管道 286km，透水地面 495000m²。经过有关部门对东京附近面积为 22 万 m² 的 20 个主要降雨区长达 5 年的观测和调查，在平均降雨量为 69.3mm 的地区，其平均流出量由原来的 37.6mm 降低到 5.5mm。

美国则强调提高天然入渗能力，如美国加州富雷斯诺市的地下回灌系统，10 年间（1971—1980 年）的地下水回灌总量为 1.338 亿 m³，年回灌量占该市年用水量的 20%；芝加哥市兴建了地下隧道蓄水系统，以解决城市防洪和雨水利用问题。还有一些城市建立了屋顶蓄水系统和由入渗池、井、草地、透水地面组成的雨水入渗系统。

2. 增加城市雨水滞蓄能力

在雨洪流量较大时储存部分雨水径流，而流量下降时排出，以达到削峰作用，这类调蓄库容可以是大型地下管道、管网系统内的人工调节池，与管网相连的一些蓄水池、凹槽、岩洞、地下隧道等设施，或结合公园观赏的池塘湖泊，也可以是其他各类有调蓄性能的下垫面或构筑物。

例如，为了减小城市暴雨径流的峰、量，可以充分利用城市的一些洼地、池塘、广场、操场、公园、校园、体育场、球场、停车场等暂时滞留雨水，待最大流量下降后，再从调节设施中慢慢排出，这样可大大降低最大流量。有人提出，可以调整我国城市常用绿地的竖向设计，将传统的高绿地、低道路的设计改为下凹式绿地，将周围不透水铺装地面上的径流雨水汇集进来，充分利用了绿地的下渗能力和蓄水能力。据分析，当下凹深度为

50～150mm、下凹式绿地占全部集水面积比例为 20％时，可以使外排径流雨水量减少 30％～90％。在北京的典型土质条件下，最长蓄水时间小于 24h，不超过绿地一般植物耐淹时间，不影响绿地植物的生长。

蓄水方案可采用屋顶蓄水池或屋顶花园和屋顶草坪的方式；滞水方案是增大屋顶铺面糙率，如波状屋顶、砾石屋顶等，也可束狭楼房落水管使雨水暂时滞蓄屋顶。加大屋顶绿化可以起到多方面的综合作用。首先绿化屋顶可作为城市的天然节能空调。在夏季，绿化地带和绿化屋顶可以通过土壤水分和生长的植物降低大约 80％的自然辐射。在冬季，长有植物的屋顶可以显著减缓热传导以利节能，严寒时也对缓冲极端温度起着突出的作用。

其次，绿化屋顶提供了储存降水的可能性，可以减轻城市排水系统的压力。例如，普通瓦屋顶和沥青屋面的径流系数是 0.9，采用绿化屋顶后可以使径流系数减小到 0.3。

3. 城市雨水利用

收集雨水加以利用可以有效地降低地表径流系数，又可以增加城市水资源。主要方法是在城市建筑物上设计雨水收集设施，或通过地面的下渗设施来实现。收集到的雨水经简单处理后，达到杂用水水质标准，可用于消防、植树、洗车、冲厕所和冷却水补给等，也可以经深度处理后供居民使用。

雨水利用在国外得到充分发展。日本 1963 年开始兴建雨水滞蓄池，并将滞蓄池的雨水用作喷洒路面、灌溉绿地等城市杂用水。这些设施大多建在地下，以充分利用地下空间，而建在地上的也尽可能满足多种用途。东京江东区文化中心修建的收集雨水设施的集雨面积为 5600m²，雨水池容积为 400m³，每年利用的雨水占其年用水量的 45％。东京的一座相扑馆，每天雨水利用量可达 300m³，其中一半用于冲厕所，这些水的大部分是利用屋顶收集到的。

丹麦从屋顶收集雨水，经过收集管底部的预过滤设备，进入蓄水池进行储存。使用时利用泵经进水口的浮筒式过滤器过滤后，用于冲洗厕所和洗衣服。在每年 7 个月的降雨期，从屋顶收集的雨水可以满足冲厕用水。

德国利用公共雨水管收集雨水，处理后达到杂用水水质标准，用于街区公寓的厕所冲洗和庭院浇洒。如位于柏林的 Hlank Witz Beless—Luedecke Strasse 公寓始建于 20 世纪 50 年代，通过采用新的卫生原则，并有效地同雨水收集相结合，利用雨水每年可节省 2430m³ 饮用水。

在英国伦敦，泰晤士河水公司为了研究不同规模的水循环方案，设计了英国 2000 年的展示建筑——世纪圆顶示范工程。在该建筑物内每天回收 500m³ 水用以冲洗该建筑物内的厕所，其中 100m³ 为从屋顶收集的雨水。这使其成为欧洲最大的建筑物内的水循环设施。

在我国，城市雨水利用还处于刚刚起步的阶段。由北京市水务局组织实施，于 2000 年启动的"北京城区雨洪控制与利用示范工程"，是我国开展得比较早的城市雨水利用项目之一，被列入"首都 248 重大创新工程"。该项目在北京选择了 5 个示范区，总面积 59hm²。主要措施是把部分道路改建成透水道路，部分建筑物屋顶雨水直接排入下凹式绿地，渗入地下，其余建筑物、道路的雨水经收集、处理后进入蓄水池储存，用于灌溉和洗车等。此外，在"规划建设小区""老城区""公共建设用地""机关和学校"中选择有代表性的区域，采取不同的雨水利用模式，包括雨水收集处理后用于小区景观用水，多余雨水回灌地下水；收集建筑物屋顶雨水，通过蓄水池储存，用于家庭冲厕；对大面积绿地内采用渗井、渗沟等设施增加入渗等。北京市水利科学研究所的统计显示，在 2004 年 7 月 10 日的暴雨中，5 个示范区共收集雨水 3300m³，其中经过处理后回灌地下水 2300m³，蓄水池拦蓄雨水 1000m³。在这些示范区，3 年来收集起来经处理后用于洗车、灌溉、冲厕、喷泉景观等的雨水将近 10000m³。

4. 法律与法规

为了更好地减缓城市内涝，降低地表径流系数，保证排涝系统正常运行，必须制定一系列的法律、法规及制度，提高全民的防灾意识。市政、水利、园林、环卫等部门必须相互协调，按各自功能充分发挥其作用。应广泛宣传，杜绝往雨水口和河道中倾倒垃圾、污物等现象。为了保证排水系统正常运行，还可采取一些举报监督、经济处罚、行政处罚等多种措施。

为了控制地面下沉，我国有关部门已经颁布有关法规。例如，江苏省九届人大常委会第十八次会议 2000 年 8 月 26 日通过的《关于在苏锡常地区限期禁止开采地下水的决定》，江苏省十届人大常委会第四次会议 2003 年 8 月 15 日通过的《江苏省水资源管理条例》，使得乱采地下水的行为得到禁止，地面下沉现象得以有效控制。

在充分利用雨水、降低地表径流系数方面，国外制定了一系列行之有效的法规。美国科罗拉多州、佛罗里达州和宾夕法尼亚州 20 世纪 70 年代先后制定了《雨水利用条例》，规定新开发区的暴雨洪水的最大流量不能超过开发前的水平，所有新开发区（不包括独户住家）必须实行强制的"就地滞洪蓄水"。日本于 1992 年颁布了《第二代城市下水总体规划》，正式将雨水渗沟、渗塘及透水地面作为城市总体规划的组成部分，要求新建和改建的大型公共建筑群必须设置雨水下渗设施。德国制定的法律法规要求，在新建小区之前，无论是工业、商业还是居民小区，均要设计雨水利用设施，若无雨水利用措施，政府将征收雨水排放设施费和雨水排放费。

五、渍灾的防治

(一) 水利措施

1. 建立农田地下排水系统

农田土壤过湿，地下水位过高，必须采取排水措施，排降地表水、土壤水与地下水。排水防渍又可分为明排与暗排两种方式。对大沟、中沟的固定沟道，大多采用明沟排水。小沟以下的田间墒沟多为田间排水沟，有条件的地区，采取浅明沟与深暗管相结合，因地制宜，就地取材，建立农田地下排水系统，以改善土壤的排水条件。另外，采取竖井排水，以降低地下水位，也是灌排结合的重要形式。

对于水稻田一般要求控制地下水埋深在 0.5m 左右，即沟渠水位至少在田面以下 0.7～0.8m，保证稻田有适宜的渗漏量。据观测研究，不论是早稻还是晚稻，间歇增加渗漏能促进水稻的发育和增产。

2. 控制河网水位

控制地下水位必须从控制河道水位入手。河道水位一般应比棉、麦各生育阶段的适宜地下水埋深至少再低 0.2m，冬季一般控制在麦田田面以下 0.7～1.0m，春季 1.2～1.5m，棉花苗期 0.7～1.0m，蕾期 1.4～1.7m，花铃期到成熟期 1.7m。盐碱地要求控制在田面以下 2m。具体运用时应视当地天气情况与土壤墒情灵活掌握。

在非盐碱化土壤地区，作物的适宜地下水位应等于根系层厚度加上毛管水饱和区厚度，其中根系层厚度为 0.2～0.6m，毛管水饱和厚度为 0.3～0.6m，即控制地下水位在地面以下 0.5～1.2m。

3. 采取深沟密网、加快田间排水

以往的旱田排水多采用田间开浅明沟的办法。由于沟挖得浅，地表水排除速度不快，且不能排除土壤水，地下水位也降不下去。近年来，各地普遍采取深沟密网（一般沟深 0.4m），排地表水和土壤水效果很明显。

4. 实行"灌排分开""水旱分开"

灌排分开，就是灌溉、排水各走各的路，自成系统，互不干扰。这不仅能保证浅水勤灌，提高灌水质量，而且能降低排水沟水位。

水（田）、旱（地）不分最易形成人为渍害。水、旱作物应实行分区分片集中种植，避免渍害。

5. 推行计划用水

推行计划用水，禁止大水漫灌的现象，一是节约用水灌溉水量，二是防渍最好的措施之一。

（二）农业措施

1. 深耕晒垡，增施有机肥料

深耕晒垡，增施有机肥料，可促进团粒结构的形成，使土壤变得疏松，增加通气、吸水、保墒性能，并调整毛管水供水状态。一般要求逐步深耕至 20cm 左右，并与干耕晒垡、秸秆还田等措施结合起来。对底层有不透水黏土隔层的砂土地区则要深翻，挖穿底部隔水层，以求上下疏通、消除耕层滞水。

在降水多的雨季，水分管理的重点是及时清沟排水，雨后还要及时中耕松土，避免土壤板结，这样也有助于散失一部分土壤中过多的水分。

2. 水旱轮作、轮种绿肥

实行水旱轮作，如麦、豆、稻，或麦、稻、豆的二旱一水新三熟的轮作制，可以调节土壤氧化还原状态，土壤密度较小，促进高产。

轮种绿肥，如稻、麦、棉、玉米与绿肥的轮作，旱作与绿肥采取间、套作的种植法，土壤的透水性增强，耕层不易形成滞水，而且消退速度也快。

此外，选育抗渍能力强的作物与品种，力求做到水、旱作物合理布局，相对集中，连片种植。

3. 结合兴修水利、客土改土

有条件的地方，结合开河挖沟，采取"黏（土）拌砂（土）"的方法，直接改良土壤的物理性状。

4. 生物排水、降低农田地下水位

沿沟、渠、路两旁植造乔、灌木护田林网，也有利于降低农田地下水位，起到生物排水的作用。

为了保证水稻的高产、稳产，稻田土壤同样需要有适宜的水、肥、气、热状况，要求有适宜的渗漏量和适时烤田，以利于土壤中好气性微生物的活动及稻根的呼吸，促使作物正常生长，才能获得高产、稳产。

5. 水稻的湿润灌溉

水稻为耐淹作物，但也存在渍的问题，多雨季节水稻田的滞蓄水深和时间应该有所限制，湿润灌溉方式则能改善稻田作物根层环境。

第四节　地下水位下降

一、地下水概述

1. 地下水的概念

相对地表水而言，地下水是指埋藏在地表面以下各种岩石土层空隙中的水，包括包气带水和饱和带水。储存于岩石空隙中的地下水，按其物理力学性质的不同，分为气态水、吸着水、薄膜水、毛管水、重力水与固态水几种主要形态，它们均能在一定条件下相互转化，形成统一的动力平衡系统。

地面以下，根据土壤岩石含水是否饱和可分为两个带，即地下水面以上的包气带和地下水面以下的饱水带。饱水带中的土壤岩石空隙全部被液态水充满，主要是重力水；饱水带以上的土壤岩石空隙没有完全被水充满，包含与大气连通的气体，因此称其为包气带。包气带是大气水、地面水与地下重力水相互转化的过渡带。若久旱不雨，包气带近地表部分土壤干燥。包气带上部主要分布气态水和结合水（吸着水、薄膜水），靠近下部饱水带的部位是一个以毛管水为主的毛管带。水文学中地下水一词，通常专指饱水带中的重力水。

2. 地下水的分类

地下水含水层从外界获得水量的过程称为地下水的补给。按补给水源的不同，地下水可分为三类。第一类是大气降水和地表水等入渗补给形成的地下水，称为渗入水。大气降水是地下水最普遍和最主要的补给来源。河流、湖泊、水库、海洋等地表水体均可补给地下水，只要其底床和边岸岩石为相对透水岩层，便与其下部含水层中地下水发生水力联系，当地表水体水位高于边岸地下水时便会补给地下水。在农田灌溉地区，由于渠道渗漏及田间地面灌溉回归水下渗，使浅层地下水获得大量补给。第二类是大气中的水汽或包气带岩石土壤空隙中的水汽凝结成液态而下渗补给形成的地下水，称为凝结水。一般来讲，水汽凝结量是相当有限的，但在高山、沙漠等昼夜温差大的地区，凝结水对地下水的补给也具有一定的意义。第三类是在沉积岩形成过程中残留或保存在沉积岩内的地下水称为埋藏水；由岩浆在冷凝过程中析出的水汽凝结而成的地下水称为初生水。

按埋藏条件的不同，地下水可分为上层滞水（包气带水）、潜水和承压水三类（图2.5）。上层滞水是存在于包气带中局部隔水层或弱透水层之上的重力水，一般分布范围不广，补给区与分布区基本一致，主要补给来源为分布区内的大气降水和地表水，主要耗损形式则是蒸发和渗透。

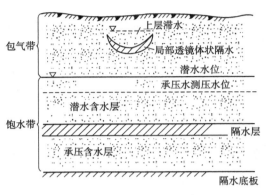

图 2.5 地下水类型示意图

潜水是埋藏在地表下第一个稳定隔水层上具有自由表面的重力水。这个自由表面就是潜水面。从地表到潜水面的距离称为潜水的埋藏深度。潜水面到下伏隔水层之间的岩层称为含水层，而隔水层就是含水层的底板。潜水面以上通常没有隔水层，大气降水、凝结水或地表水可以通过包气带补给潜水，所以大多数情况下，潜水的补给区和分布区是一致的。潜水具有自由水面，不具有承压性，在重力作用下由水位高处向水位低处渗流，形成潜水径流。潜水的排泄方式有径流排泄和蒸发排泄两种。径流排泄是在重力作用下，流到适当地形处，以泉、渗流等形式泄出地表或流入地表水及其他水体；蒸发排泄则是通过包气带或植物蒸发进入大气。受到降水、气温、蒸发等气候因素的影响，潜水的水位、水量、厚度及水质具有明显的季节变化。

承压水是指充满于两个稳定隔水层之间的含水层中的地下水（图2.6）。承压含水层上部的隔水层为隔水顶板，下部的隔水层为隔水底板，隔水层之间的距离为含水层厚度。

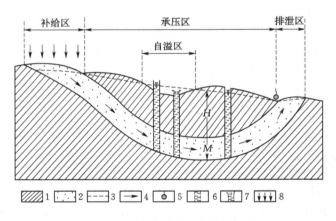

图 2.6 基岩自流盆地中的承压水

1—隔水层；2—含水层；3—潜水位及承压水测压水位；4—地下水流向；5—泉；6—钻孔，
虚线为进水部分；7—自喷孔；8—大气降水补给；H—承压高度；M—含水层厚度

相对于潜水等其他类型的地下水，承压水具有以下主要特征：

（1）承压水由于存在隔水层顶板而承受静水压力，具有承压性。这是承压水的最基本特征。当钻孔揭穿含水层顶板时，即可在钻孔中顶板底面见到水面，该水面的高程称为初见水位。受到静水压力的作用，钻孔中的初见水位会不断上升，直至升到水柱重力与静水压力相平衡水位才会趋于稳定，此时的静止水位称为承压水位，或称测压水头、承压水头等。顶板底面高程与承压水位之间的距离称为压力水头或承压高度。承压水位高于地面高程时称为正水头，低于地面高程时称为负水头。具有正水头的承压水可自溢流出地表，称为自流水或全自流水；具有负水头的承压水只能上升到地面以下某一高度，称为半自流水。有时承压含水层因压力小而未被水完全充盈，含水层中的水不具有压力水头而存在自由水面，这种地下水称为无压层间水，是潜水和承压水的过渡形式。

（2）承压水含水层上部存在稳定隔水顶板，使其不能直接从上部接受大气降水和地表水的补给，承压水的分布区与补给区通常不一致。

（3）由于隔水层顶板的存在，在相当大的程度上阻隔了外界气候、水文因素对地下水的影响，因此承压水的水位、温度、矿化度等均比较稳定。但从另一方面说，在积极参与水循环方面，承压水就不似潜水那样活跃，因此承压水一旦大规模开发后，水的补充和恢复就比较缓慢，若承压水参与深部的水循环，则水温因明显增高可以形成地下热水和温泉。

（4）承压水的水质变化大，从淡水到卤水都有。承压水一般不易受污染，一旦污染就很难净化。

3. 地下水的动态

地下水动态系指地下水水位、水量、水温和水质等要素随时间和空间所发生的变化现象和过程。地下水的动态取决于地下水的补给与排泄状况。地下水含水层从外界获得水量的过程称为地下水的补给。地下水的补给来源主要有大气降水入渗补给、地表水渗入补给、大气中和包气带岩石空隙中水汽的凝结补给、其他含水层的越流补给及人工补给等。地下水失去水量的过程，就是地下水的排泄。其排泄方式有点状排泄（泉）、线状排泄（向河流泄流）、面状排泄（蒸发）及人工排泄等。泉是地下水的天然露头，是地下水的主要排泄形式之一。当河床切割含水层，地下水位高于地表水位时，地下水呈带状向河流或其他地表水体排泄，成为地下水的泄流。蒸发是浅层地下水排泄的主要方式。

气候是影响地下水动态的最积极因素之一。降水、蒸发、气温的周期性变化引起地下水相应的变化；暴雨、干旱等则造成地下水的突然性变化。河湖水位升降，海岸附近涨落潮，在地表水与地下水位之间有水力联系时，也常引起地下水位的变化。地壳的升降运动引起侵蚀基准面位置的变化，也必然引起地下水动态的改变，上升区基准面下降，地下水强烈循环，同时变淡；下降区地下水循环减慢，并发生盐化。植物的蒸腾作用使地下水位产生以昼夜为周期的升降。

人为因素对地下水动态的影响是多方面的，抽水、排水工程可以降低地下水位，农田灌溉、修建水库可使地下水位增高。

地下水的动态变化是水量变化的表现形式，为了准确掌握地下水的动态，必须进行地下水量平衡计算。地下水平衡是根据质量守恒原理对地下水循环系统中各个环节的数量变化进行研究，在此基础上阐明某个地区在某一时段内地下水储量、补给和消耗三者之间动态平衡关系。地下水水量平衡的一般表达式为

$$(P_g + R_1 + E_1 + Q_1) - (R_2 + E_2 + Q_2) = \Delta W \tag{2.3}$$

式中：P_g为大气降水入渗量；R_1为地表水入渗量；E_1为水汽凝结量；Q_1为自外区流入的地下水水量；R_2为补给地表水的量；E_2为地下水蒸发量；Q_2为流入外区的地下水水量；ΔW为地下水水流系统中的储水变量，由均衡期内包气带水变量（ΔC）、潜水变量（$\mu \Delta H$）和承压水变量（$s_c \Delta H_p$）所组成。

式（2.3）也可写为

$$P_g + (R_1 - R_2) + (E_1 - E_2) + (Q_1 - Q_2) = \Delta C + \mu \Delta H + s_c \Delta H_p \qquad (2.4)$$

式中：μ 为潜水含水层的给水度；s_c 为承压水的储水系数（或称释水系数）；ΔH 为潜水位变幅；ΔH_p 为承压水头的变幅。

二、区域性地下水位下降

区域性地下水水位下降是水资源开发负环境效应的主要表现形式之一。由于超量开采地下水，导致集中开采区的地下水位下降，从而使周边地下水流场发生改变，周边的地下水向集中地区流动，形成区域性漏斗状凹面，即地下水降落漏斗。地下水降落漏斗不断扩大，最终出现区域性地下水位下降，结果导致水资源短缺甚至枯竭。区域性地下水水位下降还是地面沉降、岩溶塌陷、地裂缝等地质灾害的主要诱发因素。

地下水动态变化是其补给量与排泄量之间平衡关系的综合表现。如果地下水补给量大于排泄量，含水层中地下水储存量增加，水位上升；反之，则储存量减少，水位下降。对于一个地区，地下水未经大量开采之前，基本上处于一种动态均衡状态，地下水水位保持相对稳定。随着人口增加和人类生产生活活动的加剧和增强，地下水多年平均开采量超过多年平均补给量，其天然动态均衡遭到破坏，结果导致地下水位逐年下降。

（一）区域性地下水位下降原因

1. 不合理开采或开采过量

在地下水开发利用中，往往由于地下水赋存条件底数不清，或缺乏统一规划，造成盲目开采、过量开采，使得井群密度过大，开采强度过高，在开采范围、开采的含水层层次和开采时间方面过于集中以及开采管理上的无政府状态，以致引起地下水位大面积大幅度下降。

地下水超采是指地下水的实际开采量大于地下水可开采量，而可开采量是地下水可持续利用的开采量。20 世纪 60 年代以前，中国对地下水开采较少。20 世纪 60 年代中期到 70 年代末，随着人口迅速从 7 亿人增长到近 10 亿人，中国开始大规模开发利用地下水资源。20 世纪 70 年代中国地下水常规开采（即在不超过地下水可开采量范围内开采）数量为年均 536 亿 m^3；80 年代开采量（包含超采量）为 710 亿 m^3（超采 100 亿 m^3）；1999 年开采量增长到 1044 亿 m^3；2009 年为 1095 亿 m^3，其中有 228 亿 m^3 的超采量；2011—2015 年 5 年平均开采量为 1111 亿 m^3。

地下水超采造成了大面积地下水降落漏斗。2009 年，国家环保部共监测到全国地下水降落漏斗 240 个，比 6 年前增加了 1/3，其中浅层和深层地下水降落漏斗分别占 52.1% 和 47.9%。部分城市地下水水位累计下降达 30～50m，局部地区累计水位下降超过 100m。

2. 地下水补给量减少

人为或自然因素变化导致地下水补给量减少，引起区域地下水位下降。

（1）人为或天然原因，使地下水主要补给来源地地表水流量减少、断流，或使河床淤积，导致地表水对地下水的补给量减少。

（2）由于森林被破坏及垦荒过度等原因，导致区域气候变化，降水量减少，地面入渗条件变差，使补给量小于开采量，引起区域地下水位下降。

（3）在水源地的同一水文地质单元内，由于矿床或其他地下工程的深部疏干，或由于水源地上游新建井群的截流等人为原因，也可引起某些水源地地下水位大幅度下降。

（二）地下水位下降的危害

1. 机井报废导致经济损失

首先表现为机井出水量减少，能耗增加，接着由于抽水机具不能适应扬程条件，即出现"抽空吊泵"现象，不得已而进行机泵更新。例如，河北平原每年大约有 5% 的机井报废，现有机井 40% 只能出半管水和少半管水。城市地下水由于集中超采，造成井泵效率降低甚至根本抽不上水，水源地一再更换。据华北中东部平原 42 个县调查统计，至 1998 年年底因机井报废和井泵更新造成的经济损失达 8.56 亿元。

2. 引起地面沉降、裂缝和塌陷

由于地下水位下降引起的地面沉降，不仅造成了地面沉降、地裂缝和塌陷，而且使地面建筑物、道路及地下工程遭到破坏。

2011 年国土资源部的数据显示，我国在 19 个省份中超过 50 个城市发生了不同程度的地面沉降，累计沉降量超过 200mm 的总面积超过 7.9 万 km^2。主要在中东部地区，重灾区还是在长江三角洲、华北平原和汾渭盆地这 3 个区域。最近 20 年，尽管一些重点城市（如长三角各大城市）开始控制地下水的开采，城市的地面沉降有所减缓，但是中小城市和农村地区的地下水开采量呈大幅度增加的趋势，因而地面沉降已经从城市扩展到农村，并在区域上连片发展，呈现此消彼长的特点。

3. 海水入侵与咸水下移

沿海地带过度开采地下水会引起海水入侵。据 1992 年调查，河北省秦皇岛市海港区和抚宁县海水入侵面积已达 55.4km²，海水入侵伸入内地最远达 6.5km。抚宁县因海水入侵导致土壤盐碱化，受灾面积 266.67km²，34% 的机井变咸。海港区因海水入侵，造成企业设备腐蚀，每年经济损失达 396 万元。

因深层地下淡水水位急剧下降，与上覆咸水形成水位差，加之凿井开采深层水，使上层咸水与下层淡水局部连通，造成咸水界面下移，并入侵深层淡水，使深层淡水局部遭到水质破坏。如果说对深层淡水的大量开采是在透支子孙后代的战略备用水源，那么咸水入侵深层淡水则是从根本上破坏经过漫长地质时期形成的极其珍贵的后备水源，其损失和危害是不可估量的。

4. 整体生态环境趋于干化

由于土壤水剧烈变动带由过去的表层以下 1m 增加到 3m，致使土壤缺水量增加很多，导致了表层土壤出现干化甚至荒漠化，部分地区乔、灌、草枯死，植被破坏，"沙尘暴"天气增多，气温升高。

5. 地下水质恶化

由于地下水的过度开采，破坏地下水循环系统，致使河流、湖泊干涸，从而破坏了当地的生态环境，这反过来又会破坏地下水水质。地下水超采造成的地下水污染主要有两个方面的原因：一是由于过量开采地下水导致地裂缝和地表塌陷，破坏上覆第四系隔水层，地表污水及劣质潜水通过塌陷段渗入；二是由于过量开采地下水，造成地下水位降低，水量减少，地下水净化能力降低，同时水在地下净化时间变短。此外，地下水位降低和地下水漏斗的扩展则增加了地下水接受补给的范围以至于超出水源地保护区范围，实际就是扩大了受污染面积。

（三）区域性地下水位下降的防治措施

（1）关闭某些水源地或减少开采井数，把开采量压缩到地下水补给量所允许的范围内。这是在没有条件施行地下水人工补给的地区，防治地下水位持续下降的消极办法。

（2）减少或调整开采量，优化开采布局，加强地下水管理，建立合理的开采制度。例如，为了防止过量开采和集中开采，可作出一些限制水位降深、开采量、开采时间、井间距离的规定。

（3）进行地下水人工补给，以增加地下水总的可开采量。这是目前世界各国防止区域地下水位下降，扩大地下水资源开采量的一项最积极措施。但要注意回灌用水的水质必须符合国家的有关法律法规；否则会造成地下水的污染。

（4）建立和健全地下水动态观测网，加强水情监测和预报，做到尽可能早地发现问题，及时采取防患补救措施。

第五节　冰川退缩或消失

一、冰川及其分布

冰冻圈是指地球表层水以固态形式存在的圈层，包括冰川、积雪、海冰、河湖冰等以及地下冰掺杂的多年冻土、季节冻土等，又称冰雪圈、冰圈或冷圈。"冰冻圈"一词源自英文 cryosphere，该词源自希腊文的 kryos，含义是"冰冷"。在中国，由于冰川和冻土的重要影响，以及冰川学和冻土学在发展过程中相辅相成的历史渊源，所以习惯上称其为冰冻圈。冰川是由高纬度或高山地区的多年积雪演化而成的冰川冰所组成的，并能自行缓慢流动的天然冰体。冰川是冰冻圈的重要组成部分，是陆地上重要的水体之一，是自然界中最宝贵的淡水资源。国际冰川编目规定，凡是面积超过 $0.1km^2$ 的多年性雪堆和冰体都应编入冰川目录。

雪线触及地面是产生冰川的必要条件。雪线是固态降水零平衡线，是多年积雪区与季节积雪区的分界线，为雪量收支的平衡线。在雪线上，年降雪量等于年消融量（年蒸发与融化量）。雪线以上的地区多年平均降雪量大于消融量，为多年积雪区；雪线以下多年平均降雪量小于消融量，为季节积雪区。冰川形成于多年积雪区。雪线也可以说是多年积雪区的下界、季节积雪区的上界。

冰川冰是一种浅蓝色而透明的、具有塑性的多晶冰体。积累在雪线以上的雪，如果不变成冰川冰，就还是永久积雪，不是冰川。只有当多年积累起来的雪，逐渐演变成冰川冰之后，它才沿着斜坡或在冰层自身的压力作用下缓慢流动和滑动，形成冰川。从新雪落地、积累到变成冰川冰，经历着一个复杂的成冰过程，它实际上也是一种变质过程。

据《世界冰川编目》统计，全球冰川面积约为 $1.59 \times 10^7 km^2$，占陆地总面积的 10% 以上；总储量为 $2406.4 \times 10^4 km^3$，约占地表淡水资源总量的 68.7%。冰川在各大洲的分布极不均衡（表 2.2），96.6％是在南极洲和格陵兰，其次为北美洲（1.7％）和亚洲（1.2％），其他各洲数量极少，非洲最少，仅有 10km²。

中国是中、低纬度山地冰川面积最多的国家。根据中国科学院寒区旱区环境与工程研究所 2014 年 12 月发布的《第二次冰川编目》，中国现有冰川 48571 条，总面积 51480km²，估计冰储量为 5600km³，分布在西藏、新疆、青海、甘肃、四川和云南 6 个省（自治区）。其中，西藏冰川数量最多和面积最大，其次是新疆，但新疆冰储量最多。中国冰川数量以面积小于 0.5km² 的冰川为主，约占全国冰川总数量的 70％；面积以介于 1.0～50.0km² 的冰川为主，占全国冰川面积的 60％以上，其中 2.0～5.0km² 等级冰川面积所占比例最大（17.88％）。面积在 100.0km² 以上的冰川共 22 条，分布在新疆维吾尔自治区和西藏自治区，其中面积最大的冰川是音苏盖提冰川（359.05km²）。

表 2.2　　　　　　　　　　　　世 界 冰 川 分 布

地　　区	面积/km²	占比/%	地　　区	面积/km²	占比/%
北美洲（格陵兰除外）	276100		南美洲	25908	
加拿大（包括北极区诸岛）	200806	1.7	巴塔哥尼亚高原	18500	0.2
美国（包括阿拉斯加）	75283		其他	7408	
其他	11				
亚洲（包括北极区诸岛）	189201		大洋洲	860	
中国	59406				
俄罗斯	58711	1.2	非洲	10	
巴基斯坦、印度	40000				
其他	31084		南极洲（包括南极区诸岛）	13593310	85.7
欧洲（包括北极区诸岛）	53967		格陵兰	1726400	10.9
挪威	39360	0.3			
冰岛	11260		合计	15865756	100
其他	3343				

二、冰川退缩

冰川退缩（glacial deglaciation）也称为冰川消退，指由于全球气候逐渐变暖等因素，冰川的面积和体积都出现明显减少，有些甚至消失的现象。冰川被认为是气候变化的敏感指示器和存储器，也与水资源、海平面变化及自然灾害密切相关。在全球变暖背景下，我国西部山区的绝大部分冰川呈现退缩状态，退缩速率在 20 世纪 80 年代之后有加速趋势。

冰川上各种相态水的收入和支出之间的数量关系，称为冰川的物质平衡。冰川上的物质收入叫积累，支出叫消融。积累、收入的物质通常为降雪、吹雪、雪崩堆积和冻结，在雪内的雨水也算积累，积累一般发生在冰川表面。冰川上的冰和雪以各种方式脱离冰川，都属于消融范畴。冰雪融化、融水流出冰川是常见的消融。如果融水在冰川内再度冻结，则这一部分物质不算消融。升华、蒸发、雪被风吹出冰川以及冰川末端冰体的崩解，也算消融。消融一般发生在冰面，冰体崩解则发生在冰川末端。冰下有时也有消融，但其数量比冰面消融小得很多，可以忽略。冰川每年收支余额的变化直接引起冰川运动特征的变化，进而导致冰川末端位置、面积和冰川储量的变化。根据《第二次冰川编目》，相比第一次冰川编目数据，自 20 世纪 50 年代中后期以来，中国西部冰川总体呈现萎缩态势，面积缩小了 18% 左右，年均面积缩小 243.7km²。其中，位于新疆的阿尔泰山和西藏的冈底斯山的冰川退缩最为显著，冰川面积缩小均超过 30%。

青藏高原发育着 36793 条现代冰川，冰川面积 49873.44km²，冰储量 4561km³，分别占中国冰川总条数的 79.5%、冰川总面积的 84% 和冰储量的 81.6%。进入 20 世纪以来，随着全球气候的波动变暖，特别是进入 20 世纪 80 年代以来的快速增温，使得大多数冰川处于退缩趋势。20 世纪上半叶是冰川前进期或由前进期转为后退的时期；50 年代至 60 年代冰川出现大规模退缩，但并未形成冰川全面退缩；60 年代末至 70 年代，许多冰川曾出现前进或前进迹象，前进冰川的比例增大，退缩冰川的退缩幅度减小；80 年代以来，冰川后退重新加剧；90 年代以来冰川退缩强烈。现在虽仍有个别冰川在前进，但高原冰川基本上转入全面退缩状态，这是 20 世纪 90 年代以来冰川变化的一个重要特征。

青藏高原哺育了亚洲的十多条河流，包括长江、黄河、恒河、印度河、雅鲁藏布江、怒江和澜沧江等七条最重要的河流。近数十年来，在全球变暖和冰川退缩加快的大背景下，青藏高原七大江河径流量也呈现出不稳定的变化。从趋势上看，短期内冰川退缩将使河流水量呈增加态势，但也会加大以冰川融水补给为主的河流或河段的不稳定性；而随着冰川的持续退缩，冰川融水将锐减，以冰川融水补给为主的河流，特别中小支流将面临逐渐干涸的威胁。

三、冰川退缩带来的危害

科学家预计，到 2050 年，全球大约 1/4 以上冰川将消失。到 2100 年可能达到 50%，那时，可能只有在阿拉斯加、巴塔哥尼亚高原、喜马拉雅山和中亚山地还会有一些较大的冰川分布区。正在加速消融的冰川严峻态势必将带来严重的后果。

1. 海平面上升

据研究，在 20 世纪里，冰盖和山地冰川的融化，是导致全球海平面上升 10～25cm 的原因之一。如今，冰川融化导致海平面上升的数值正在不断加强。如果南北极两大冰盖全部融化，其结果会使海平面上升近 60m。海平面上升会淹没一些低洼的沿海地区，加强了的海洋动力因素向海滩推进，侵蚀海岸，从而变"桑田"为"沧海"；其次，海平面上升会使风暴潮强度加剧，次数增多，不仅危及沿海地区人民生命财产，而且还会使土地盐碱化。在中国，受海平面上升影响严重的地区主要是渤海湾地区、长江三角洲地区和珠江三角洲地区。

2. "固体水库"调节能力受到影响

据了解，我国西部的冰川是长江、怒江等亚洲 10 条大江大河的源头区，每年提供的融水量与黄河多年平均入海径流量相当。在西北内陆干旱区，冰川融水的重要性尤其突出，仅以塔里木盆地的河流为例，冰川融水补给比例高达 30%～80%。

冰川对河流径流有"削峰填谷"的作用，可以使河水流量的变化趋于平缓，并且在干旱年份不会断流，冰川也因而被誉为"固体水库"。

冰川面积减小和储量减少，从短期来看会增加河流的流量，然而如果冰川不断退缩，直至消失，河水的流量最终也会减少，只能依靠大气降水来维持。那时，现存的很多河流将变成雨季有水，旱季断流的季节性河流。

尽管目前我国大部分地区冰川的退缩还不会引起如此严重的后果，但这种现象已经在部分地区出现，在祁连山地区，一些原本面积较小的冰川已然消失，这些地方的河流因失去了冰川这座"固体水库"而趋于干涸。

3. 带来生态环境问题和洪水灾害

冰川的退缩将会使周围植被、土壤重新发展，自然地带由低纬度向高纬度移动。冰川的退缩对生态环境也有很大影响。一些山区冰川的消失会导致当地河流干涸，原本富饶的绿洲也会变得干旱，甘肃民勤盆地就是个例子。由于祁连山山区冰川退缩，缺乏水源补给，民勤盆地的青土湖在 1959 年完全干涸，并形成了长达 13km 的风沙线，导致腾格里沙漠和巴丹吉林沙漠在这里呈现出合围之势。直至近年来通过综合治理，生态环境才有所恢复。

冰川融水有时还会形成冰川湖，这种类似于堰塞湖的水域如果溃决，会导致下游突发洪水，青海省玛沁县阿尼玛卿地区就曾出现过冰湖突然溃决的情况。

目前，我国已知的冰川湖溃决洪水多发区主要集中在阿克苏河河源区、叶尔羌河河源区、喜马拉雅山和念青唐古拉山等。据估计，最近几十年来这些地区因冰川灾害造成的损失在数百亿元以上。

第六节　水　体　污　染

一、水体污染的概念与分类

（一）水体污染的概念

水体中所含溶解物质和悬浮物质对水质都有一定的影响，这些影响有的是有利的，有的是有害的，其中可引起水质向着不利于人类的方向变化的物质称为水质污染物，其水质影响的结果是使水质恶化。当水质恶化到一定程度，使水体丧失其原有的利用价值，即称为水体污染。由此可见，水体污染是指进入水体外来物质的数量达到了破坏水体原有用途的程度。

自然界的水的一个突出特征就是具有流动性。在流动过程中，水与水道固体边界、大气之间相接触，将溶解并获得岩石、土壤和大气中的部分物质成分。另外，人类在利用水的过程中，将部分物质成分输入水中，然后又以废水的形式将其排放到自然水体中。水处于不断的循环之中，水的不断循环和反复利用，使污染物不断地进入水体。当污染物积累到一定的程度就会引起水体污染。

造成水体污染的因素有自然的和人为的两种。自然因素主要是指可造成某种元素大量富集而引起水体污染的特殊地质条件，如元素氟富集于地下水和泉中，火山喷发导致区域内汞的含量增加，放射性矿床使流经其上的水流的放射性物质作用增加，干旱地区风蚀作用使水中悬浮物质增加，河口区海水对淡水的侵入使水的盐分增加等。人为因素是指可产生并向水体排放"三废"（废水、废气、废渣），从而引起水体污染的人类活动。"三废"之中，废水是水体的主要污染源，主要来源有工业废水、农业废水和生活污水三类。这三类污染源各具特点，对水体的污染程度和类型不尽相同，治理难度也有区别。工业废水中的污染物主要来源于工业生产流程，并随废水通过排污管道排入水体。工业废水量大而集中，种类繁多，成分复杂，可形成的水体污染类型也多种多样，对其收集相对容易，但处理困难。农业废水中的污染物主要是农药和化肥，并随雨水或灌溉水进入水体，造成水体污染。农业废水量大而分散，种类很少，成分单一，处理容易，但收集困难。生活污水量小而集中，种类较少，收集和处理相对较为容易。生活污水的一个突出特征是含有大量的细菌、病毒等致病微生物，可造成慢性流行病的感染和传播。

（二）水体污染的分类

根据引起水体污染物质的性质，水体污染可以分为物理污染、化学污染和生物污染三类。物理污染是指污染物进入水体所引起的水的物理性状的改变，如水温、水色、透明度、味道、臭味、导电性、放射性等的改变。化学污染是指污染物进入水体所引起的水的化学性质的改变，如酸碱度、硬度、矿化度、溶解氧量、重金属含量、无机物质成分、有机物质成分等的改变。化学污染种类多，毒性大，能引起人体急性、亚急性和慢性中毒。生物污染是指排入水体的病原微生物对水体的污染，如大肠杆菌、细菌等引起的污染。

根据污染源的特征，可将水体污染分为点源污染和面源污染两类。点源污染主要是指工业废水和生活污水所引起的污染，其排放量和排放方式在很大程度上受到人为的控制。面源污染主要是指农业废水所引起的污染，其污染物的具体发生地不易明确，只能指出大致发生范围，且污染物的运移在时空上是不连续的和不确定的，故而难以控制。

（三）水体污染的危害

水质优劣与人体健康、工农业生产和环境质量密切相关，水体污染可对人类社会形成多方面的危害，危害程度取决于污染物的浓度、毒性、排放总量、排放地点与时间等多种要素。

1. 对人体健康的危害

水质污染对人体健康的危害大致可以分为 3 种情况。

（1）引起传染疾病的蔓延。水源一旦受到携带大量细菌的生活污水或一些工业废水的污染，就会引起多种疾病的传播。通过水介质传播的疾病称为介水传染病，如婴儿腹泻、肝炎、伤寒、副伤寒、痢疾、腺病、霍乱、麦纳丝虫病等。上述病菌在水中的生存能力很强，而且许多水生生物会帮助病原菌、病原虫分裂繁殖。由于水的流动性大，流域面广，所以容易造成疾病的蔓延。1897 年德国汉堡因饮用水带有传染病菌，造成了 16000 人患病、9000 人死亡的重大水污染事件。

（2）引起人的急性中毒。生活污水和工农业废水中的污染物种类很多，其中有些是剧毒物质，如氰化钾、有机磷、砷等，饮用水或食品中含有少量此类物质就能够使人急性中毒甚至死亡。水体中的物质有的是会产生相互作用的。

（3）引起人的慢性中毒。人们由于长期食用被污染了的水和食品而受到的各种间接危害就是水污染引起的慢性中毒，它的潜在危害很大。许多污染物，如汞、镉、铅、铬、滴滴涕等，在水环境中的含量极低，不易被人类所发现，但是经过食物链的富集，就会在生物体内积累，久而久之就会引起人体慢性中毒。

2. 对工农业生产的危害

水质污染对工农业生产的危害表现在两个方面。

（1）影响产品质量。水质下降会造成某些工业产品质量的下降，与水质关系密切的产品尤其如此，如罐头、酒类、印刷品等。许多例子表明，一些地区的农产品因受到水污染的影响而质量下降，水产品受到水的污染味道变差，一些污水灌溉区的农产品因含有有害物质而不能食用。

（2）造成生产损失。水体污染会对一些生产过程产生多方面的影响，从而造成生产损失。例如，水的硬度升高会影响蒸汽锅炉、制革、纺织等工业的生产，水的酸性增大会腐蚀船只、桥梁，水的含盐量增高会影响农作物的正常生长，从而给生产带来损失。

3. 对生态环境的危害

水体污染对生态环境的破坏也有多方面的表现。例如，蛋白质、脂肪、木质素等需氧有机物虽属无毒有机物，但在氧化分解过程中会消耗水中的溶解氧，形成厌氧环境，产生甲烷、氨和硫化氢等有害物质，使水体变黑发臭，还可导致鱼类及其他水生生物因缺氧而死亡、赤潮和蓝藻暴发等水体污染事件。水中固体悬浮物增多不仅淤塞河道、妨碍航运、洪水季节造成泛滥，而且影响水源利用。悬浮物质一方面能够截断光线，减少生产植物的光合作用；另一方面能伤害鱼类。固体悬浮物还会增大水体的浑浊度，破坏城乡景观，恶化人类生活环境，降低水体的旅游价值。

二、水体的主要污染物

水体中的污染物种类繁多，可从不同的角度进行分类。根据污染物的化学性质和毒性，可以简单地分为无机无毒物、无机有毒物、有机无毒物和有机有毒物。环境科学与环境工程领域，常用的污染物分类方法有两种。

（一）水体污染物的环境工程学分类

环境工程学根据污染物质或能量所造成的不同类型环境问题及其相应的治理措施，对水体污染物进行了类型划分（表 2.3）。

表 2.3　　　　水体污染类型、污染物、污染标志及来源

污染类型		污染物	污染标志	废　水　来　源
物理性污染	热污染	热的冷却水	升温缺氧或气体过饱和热富营养化	动力电站、冶金、石油、化工等工业
	放射性污染	铀、锶	放射性污染	核研究产生、试验、核医疗、核电站
	表观污染·水的浑浊度	泥、沙、渣、屑、漂浮物	混浊	地表径流、农田排水、生活污水、大坝冲沙、工业废水
	表观污染·水色	腐殖质、色素、染料、铁、锰	染色	食品、印染、造纸、冶金等工业污水和农田排水
	表观污染·水臭	酚、氨、胺、硫醇、硫化氢	恶臭	污水、食品、皮革、炼油、化工、农肥
化学性污染	酸碱污染	无机或有机的酸碱物质	pH 值异常	矿山、石油、化工、造纸、电镀、仪表、颜料等工业
	重金属污染	汞、镉、铬、铜、铅、锌等	毒性	矿山、冶金、电镀、仪表、颜料等工业

续表

污染类型		污染物	污染标志	废水来源
化学性污染	非金属污染	砷、氰、氟、硫、硒等	毒性	化工、火电站、农药、化肥等工业
	需氧有机物污染	糖类、蛋白质、油脂、木质素等	耗氧、进而引起缺氧	食品、纺织、造纸、制革、化工等工业、生活污水、农田排水
	农药污染	有机氯农药类、多氯联苯、有机磷农药	含毒严重时，水中无生物	农药、化工、炼油等工业、农田排水
	易分解有机物污染	酚类、苯、醛等	耗养、异味、毒性	制革、炼油、煤矿、化肥等工业污水及地面径流
	油类污染	石油及其制品	漂浮和移化、增加水色	石油开采、炼油、油轮等
生物性污染	病原菌污染	病菌、虫卵、病毒	水体带菌、传染疾病	医疗、屠宰、畜牧、制革等工业、生活污水、地面径流
	病菌污染	真菌毒素	毒性致癌	制药、酿造、食品、制革等工业
	藻类污染	无机和有机氮、磷	富营养化恶臭	化肥、化工、食品等工业、生活污水、农田排水

（二）水体污染物的环境科学分类

根据治理方式的一致性，大致可将水体污染物分为以下几类。

1. 固体物质

水中所有残渣的总和称为总固体（TS），总固体包括溶解物质（DS）和悬浮固体物质（SS）。水样经过过滤后，滤液蒸干所得的固体即为溶解性固体（DS），滤渣脱水烘干后即是悬浮固体（SS）。固体残渣根据挥发性能可分为挥发性固体（VS）和固定性固体（FS）。将固体在600℃的温度下灼烧，挥发掉的量即是挥发性固体（VS），灼烧残渣则是固定性固体（FS）。溶解性固体表示盐类的含量，悬浮固体表示水中不溶解的固态物质的量，挥发性固体反映固体中有机成分的量。

固体物质是水体含盐量、悬浮物质多少的标志。水中含有过多的盐量，将会影响生物细胞的渗透压和生物的正常生长；含有过多的悬浮固体，将会造成水道淤塞；挥发性固体是水体有机污染的重要来源。

2. 需氧污染物

生活污水和某些工业废水中所含的碳水化合物、蛋白质、脂肪、木质素等有机化合物在微生物作用下，最终将分解为简单的无机物，如二氧化碳和水。这些物质在分解过程中需要消耗大量的氧，故称其为需氧污染物。水中需氧污染物过多，将会造成水中溶解氧缺乏，影响鱼类等水生生物的正常生活。需氧污染物是水体中经常和普遍存在的污染物质，主要来源于生活污水、牲畜污水及食品、造纸、制革、印染、焦化、石化等工业废水。从排放量来看，生活污水是这类污染物的主要来源。

实际工作中，一般采用以下指标来表示需氧污染物的含量。

（1）溶解氧。溶解氧（Dissolved Oxygen，DO）是指溶解于水中的分子态氧，通常用每升水中所含氧气的毫克数表示。水中溶解氧主要来源于水生植物的光合作用和大气。

它是水生物生存的基本条件。水中溶解氧含量多，适于微生物生长，水体的自净能力也强。当 DO 含量低于 4mg/L 时，可导致鱼类窒息死亡。水中缺氧时，厌氧细菌繁殖，水体将会变臭。水中 DO 值越高，表明水质越好。

（2）生化需氧量。生化需氧量是"生物化学需氧量（Biochemical Oxygen Demand，BOD）"的简称，表示水中有机污染物经微生物分解所需的氧量，以 mg/L 为单位。微生物的活动与温度有关，测定 BOD 时，一般以 20℃ 作为标准温度。在这样的温度条件下，一般生活污水中的污染物完成分解过程需要 20d 左右。为了省时，一般以 5d 作为标准测定时间，测得的 BOD 称为五日生化需氧量（BOD_5）。BOD 间接反映了水中可被微生物分解的有机物总量，其值越高，水中需氧有机物越多，水质越差。

（3）化学需氧量。化学需氧量（Chemical Oxygen Demand，COD）是指用化学氧化剂氧化水中有机污染物时所需的氧量。目前常用的氧化剂为重铬酸钾和高锰酸钾。由于水中各种有机物进行化学反应的难易程度不同，COD 只是表示在规定条件下可被氧化物质的耗氧量总和。如果废水中有机质的组分相对稳定，那么 COD 与 BOD 之间应有一定的比例关系。

（4）总有机碳。总有机碳（Total Organic Carbon，TOC）是指水体中有机物含碳的总量。水中有机物的种类很多，目前还不能全部进行分离鉴定。常以 TOC 表示。TOC 是一个快速检定的综合指标，它以碳的数量表示水中含有机物的总量。由于它不能反映水中有机物的种类和组成，因而不能反映总量相同的总有机碳所造成的不同污染后果。

3. 含氮化合物

水质分析中的含氮化合物是指水中氨氮、亚硝酸盐氮、硝酸盐氮的含量，是判断水体有机物污染的重要指标。氮是生命的基础，故含氮化合物在环境学中又被称为植物营养物。但是含氮化合物也给人类生活带来负面影响。含氮化合物可导致空气污染，水体中含氮化合物过多可引起水体污染。过多的氮进入水体，可导致水体富营养化。饮用水中硝酸盐过高，进入人体后被还原为 NO_2^-，直接与血液中血红蛋白作用生成甲基球蛋白，引起血红蛋白变性，对 3 岁以下婴儿的危害尤为严重。亚硝酸盐在人体中可与仲胺、酰胺等发生反应，生成致癌的亚硝基化合物。

4. 油类污染物

随着石油的广泛使用，油类物质对水体的污染越来越严重，其中海洋受到的油类污染最为严重。水体中油类污染物主要来源于船舶石油运输，少量来源于海底石油开采、大气石油烃的沉降以及炼油、榨油、石化、化学、钢铁等工业的废水。油类进入水体后所造成的危害是明显的。油的相对密度小于水，不会与水混合，往往以油膜的形式漂浮于水面，阻止氧向水中扩散，并促使厌氧条件的形成和发展，导致水环境恶化，影响水生生物的正常生长。油类会黏附于固体表面，石油类污染物在岸边积累，降低海滨环境的实用价值和观赏价值，破坏海滨设施，并可影响局部地区的水文气象条件，降低海洋的自净能力。油类可黏附于鸟类的羽毛上和鱼鳃上，使鸟类丧失飞行能力，鱼类因缺氧而窒息。

5. 酚类污染物

酚是一种具有特殊臭味和毒性的有机污染物质，主要来源于炼焦、石化、木材加工、制药、印染、纤维、橡胶回收等工业的废水。另外，动物粪便也是水体酚类污染物的重要来源。进入水体的酚属于可分解有机物，其中挥发性酚更易分解。因此，在可能的条件下，合理利用含酚废水是可能的，但必须以不造成其他污染为前提。高浓度含酚废水必须经过处理后才能排入天然水体。水体受到酚污染后，会严重影响水产品的产量、质量和人体健康。

6. 氰化物

氰化物特指带有氰基（CN）的化合物，其中的碳原子和氮原子通过叁键相连接。这一叁键给予氰基以相当高的稳定性，使之在通常的化学反应中都以一个整体存在。通常为人所了解的氰化物都是无机氰化物，俗称山奈（来自英语音译"Cyanide"），是指包含有氰根离子（CN⁻）的无机盐，可认为是氢氰酸（HCN）的盐，常见的有氰化钾和氰化钠。另有有机氰化物，是由氰基通过单键与另外的碳原子结合而成，如乙腈、丙烯腈、正丁腈等。

氰化物的来源较广，主要来源于含氰废水，如电镀、焦炉和高炉的煤气洗涤冷却水、化工厂的含氰废水以及选矿废水。日常生活中，桃、李、杏、枇杷等含氢氰酸，其中以苦杏仁含量最高，木薯也含有氢氰酸。氰化物是剧毒物质，人只要误服 0.1g、敏感者误服 0.06g 即可致死，水中含量达 $0.3 \sim 0.5 mg/L$ 即可使鱼类死亡。

7. 重金属

重金属主要是指汞、镉、铅、铬及类金属砷等生物毒性显著的重元素，也指具有一定毒性的一般金属，如锌、铜、钴、镍、锡等，目前最为关注的是汞、镉和铬。天然水体中重金属含量很低，大量的重金属来源于化石燃料燃烧、采矿和冶炼。从毒性及对生物体的危害看，重金属污染表现出 3 个特点：一是天然水中只要有微量重金属即可产生毒性效应；二是水体中的某些重金属可在微生物的作用下转化为毒性更大的金属化合物，如汞可以转化为甲级汞；三是重金属可以通过食物链的生物放大作用，逐级在高级的生物体内成千万倍地富集。

三、水质污染防治与保护

（一）水质保护的概念

作为自然环境的重要组成要素之一，水具有最易遭受破坏和在人类各种活动影响下迅速发生变化的特点。随着工农业生产和人口的迅猛发展，由人类所引起的对水质的污染和破坏，已经达到了严重影响人类社会可持续发展的程度，水质保护迫在眉睫。水质保护是指通过各种保护途径和措施，使未受污染和破坏的水环境质量免于下降和恶化，已污染和破坏的水环境得以治理和恢复，以促进水环境质量的维护和良化。由于受到各种污染源的污废，目前水质污染状况十分严重，导致水质性缺水现象普遍存在，减少了可利用水资源量，甚至造成社会公害。因此，水质保护的主要内容应包括搞好水质调查和监测，获得精确、可靠和及时的水质信息；做好水体质量评价、预测和探讨水体自净规律的研究，在此基础上制订科学合理的水质规划；积极探索水污染防治技术，做好水污染防治工作。

水质保护工作应抓好规划和管理，把保护和合理开发利用水资源正确地结合起来。水质保护规划的内容是多方面的，当务之急是把传统的江河流域水利规划和当代的流域水质规划正确地结合起来，全面体现经济目标和环境质量目标。规划要有一定的审批手续，以维护其严肃性、科学性和权威性，使其真正成为水质污染治理与事件处理、水环境工程建设与运行、水环境管理的科学依据。水质管理的内容也是多方面的，当务之急是要采取行政、法律、经济、技术等手段，监督、控制工矿企事业单位的废水、污水排放量，促进污水处理设备的安装使用，实行排放收费、超标罚款和造成污染事故者赔偿等措施，以保护水体的使用价值，保证供水的水质标准。要考虑保护水资源的需要，切实做到水资源开发利用与管理保护并重、经济效益与环境质量兼顾。

为了提高水质保护的管理水平，我国目前应当做好以下 4 个方面的工作。

（1）健全体制。目前我国水质保护的管理体制尚不健全，政出多门、多头管理现象依然存在，工作效率不高，严重影响水质保护工作的顺利开展。应当建立起统一的管理体制，管理机构应能起到两个作用：一是对多学科、跨部门的各种专业机构和人员的协作作用，做好组织、协调、推动工作；二是领导或独立开展方针政策性、理论方法性、综合性研究工作。

（2）加强法制。关于水资源保护、水污染防治等工作，国家或地区已经制定了一系列法律、法令、法规、条例或规定。要加强法制建设，重视立法工作，并从各方面保证法律的严格执行。

（3）加强科研工作。水质保护是一项复杂的工作，并与水资源开发利用密切相关。水的功能是多方面的，人们对水质、水量的要求也是多方面的，而且还在不断变化。因此，必须以系统、科学的思想为指导，对其进行综合研究。另外，诸如水体自净能力、水质标准、水质模式、水质监测、水体环境容量等理论问题也亟待提高研究水平。

（4）加强人才培养工作。应为水质保护工作培养各层次的专业人员，满足从事水质保护的研究、实施操作、管理等多方面人才的需求。

（二）水质污染的防治

为了有效防止水质污染，应遵循预防为主、重在管理、综合治理、经济合理的原则，通过行政、法律、经济、技术等方面的措施，做好以下工作。

1. 建立健全水环境管理机构

水环境管理机构的责任是负责制定和执行区域、流域的水环境保护方针、政策、法规、标准、制度的，应尽快建立健全，形成强有力的水环境管理队伍，切实起到水污染防治和水环境保护的行政管理作用。为了防治水污染，保护水环境，水环境管理机构还应采取行政、法律、经济、教育和科学技术手段对水环境进行强化管理，提高全民的环保意识。应切实起到水污染防治法规贯彻执行的监管作用，以保证防治水质污染的措施落到实处。

2. 加强水环境保护规划与监测

制订科学合理的区域、流域水环境规划，切实实行水环境规划，统筹安排和合理分配水资源，有效控制水污染，使水污染防治和水环境保护措施落到实处。尽快完善各级水环境监测网络系统，加强水质监测的组织和领导，保证水环境监测工作的正常开展，让水质监测工作切实起到水污染监督和水质保护的作用。

3. 建立健全水质保护法规制度

目前我国已经颁布了一系列的水污染防治和水环境保护方面的法律和法规，地方也都有自己相应的条例、制度。这些法律法规和制度的制定与实施，在我国的水污染防治和水环境保护中发挥了巨大作用，然而在此方面依然有不尽如人意的地方，还有许多工作亟待加强。因此，应继续完善相关法律法规，使其更加具体化、详细化，增强可操作性。应加大执法力度，杜绝执法过程中的人为因素干扰，使执法过程正常化。应积极推行水源保护区制度、排污收费制度、排污登记制度、环境影响评价制度、"三同时"制度、限期治理制度、现场检查制度，制定和完善各种水环境标准，加大水质保护的力度。

4. 积极推行水质保护的各种经济措施

经济手段是水污染治理的重要手段之一。随着城市经济体制改革，企业自主权扩大，乡镇工业迅猛发展，指导性计划和市场调节部分扩大。在这种新形势下，要自觉运用价值规律，发挥经济杠杆作用，使经济和治理污染协调发展。具体而言，在此方面要建立和推行征收排污费和实行排污许可制度、征收水资源费、环境补偿费制度和水污染罚款与赔偿制度。此外，还应积极探讨对环境保护工程实施低息或无息贷款，对"绿色"生产技术实行奖励政策，对没有直接经济收益的环境保护工程措施进行经济补贴等经济措施。

5. 积极探讨和推广水污染治理、水环境保护和无污染水资源利用技术

应大力发展循环经济，搞好节能减排，积极探讨和推广节约用水、无污染用水工艺，促进水的循环利用，提高水的重复利用率。探讨和推广水质污染治理和污染与破坏水体修复技术，防治水质污染，加强水环境保护。污水处理分为 3 个级别。一级处理采用的是物理处理方法，即筛滤法、沉淀法、气浮法和预曝气法等，主要去除污水中不溶解的悬浮物或块状体污染物。经过一级处理，一般能去除 $30\%\sim35\%$ 的 BOD_5，并初步中和污水的酸碱度。二级处理以生物处理为主体工艺，主要采用高负荷生物滤池和活性污泥法，主要除去胶状的溶解性有机污染物。经过二级处理，能去除 $85\%\sim95\%$ 的 BOD_5 和 $90\%\sim95\%$ 的固体悬浮物（均包括一级处理），一般能达到排放标准。三级处理也称为高级处理或深度处理，主要方法有化学处理法、生物化学处理法和物理化学处理法等。经过三级处理，可以去除二级处理后仍存在的磷、氮和难以生物降解的有机物、矿物质、病原体等。经一级处理的污水常达不到排放的标准，故通常以二级处理为主体，必要时再进行三级处理。

（三）水质保护

1. 河流的水质保护

河流水环境的污染与破坏较为普遍，河流水质保护为人类面临的一个严峻问题。河流治理的基本原则就是节污水之流和开清水之源，即减少污染源和增强河流的自净稀释能力，其措施主要为加强管理和采取技术措施两个方面。

（1）加强管理。管理措施是技术措施实施的保证，主要包括以下 4 个方面。

1）设立行政管理机构。国家级机构负责全国范围内水污染控制和管理的协调工作，确定总的管理目标和准则。区域级的管理机构包括地方、地区及流域的管理机构，这些机构主要负责国家政策总体中制定目标和行动的落实。

2）制定水污染控制法律。立法是防止、控制并消除水污染，保障水的合理利用的有力措施，各国制定各种水法的主要目的是严格控制各种污染源向水体排放废水。其条款主要包括：规定将废水排入河道要得到当局的同意；提出必须领取排放许可证方可排污、取水；规定征收污染税的制度；规定各类水质标准与排放标准；规定对违反条例而造成水体

污染事故给予罚款、停产或刑事起诉等。

3）规定水质标准与排污标准。按河流水域的不同用途及水质污染程度，制定不同的水质标准；按污染源的不同类型，制定不同的排污标准，以保证纳污水体水质符合水质标准。上述标准一般以浓度为计量单位，近年来有的国家已趋向于用排污总量为计量单位，以便将排入水域的污染物总量控制在环境允许的限度之内，使水域水质经常保持所规定的水平。

4）实行排污、取水收费制度。这是防止水污染的经济措施。污水接纳费和处理费是任何排污单位（城市、企业、事业、家庭等）所必须负担的经济义务。收费制度在某种程度上也带来了诸如"排污合法化""增加了企业经济负担"等问题，但也调动了排污单位污水处理的积极性，从而减少了排污量，减轻了河流污染。

（2）采取技术措施。技术措施是立法和采取经济措施得以贯彻实施的重要条件。国外采取的技术措施包括：严格控制污染源，减少排污量；建设工艺处理厂，减轻污染负荷；合理利用水资源，增强水体自净能力等。

1）采用先进技术，减少排污量。河流治理的关键在于严格控制污染源向河道直接排污。许多国家除了加强管理，用法律规定发放排污许可证及排放标准外，还采用了生产工艺无害化、闭路化以及工业用水循环化等措施，做到少排污或不排污。例如，无水印染法新工艺，无染料损失，无污水排放；炼油厂以气冷代替水冷，使炼制 1t 原油的耗水量降至 0.2t。此外，日本、西德、英国等国钢厂采用水闭路循环工艺，使循环用水率达 90%~98%。

2）整顿下水道，建设污水处理厂。近 20 年来，不少国家成倍增长整顿下水道与建设城市污水处理厂的费用，提高了下水道普及率，扩大了污水处理范围。下水道的普及率法国为 69%，美国为 73%，西德为 81%，瑞典为 83%。英国的下水道普及率居世界各地之冠，污水总管道可接受纳排污水量的 95% 以上。据统计，英国下水道总长度可绕地球 9 圈。城市污水处理厂的建设方向是区域化、大型化发展。由最初的改进排水设备转向目前的建立区域废水处理系统。世界上最大的污水处理厂日处理废水能力可达数百万立方米。大型污水处理厂管理效率高，处理效果及经济效益均较为理想。

3）合理利用水体自净能力。合理利用水资源增加河流的径流量，以提高河流的稀释自净能力，这是治理污染河流的有效措施之一。不少国家通过建造水库、修筑蓄水湖来增加河流的枯水流量，引水冲污。此外，还通过疏浚河道清除底泥污染，在河内人工充氧，以增加河水中的溶解氧等途径来提高河流的自净能力。据苏联有关资料报道，如综合利用河流的自净能力，每年可节省污水处理费 10 多亿卢布。

英国泰晤士河的治理被人们认为是河流污染治理的范例。泰晤士河是英国第二大河。18 世纪，泰晤士河盛产鲑鱼，河水清澈见底，水产丰富，野禽成群，风景如画。到了 19 世纪，随着英国资本主义工业的发展，泰晤士河的水质日趋恶化，到 1980 年鱼虾绝迹，后来发展成为名副其实的臭水沟。1957 年，泰晤士水管理局成立后，开始了战略性的治理工作。在 1965—1994 年的初期治理阶段，虽然兴建了污水处理厂，但废水处理量远远低于废水增加量，水质仍继续恶化。1950—1965 年为治理有效阶段，新建了两座采用活性污泥法处理污水的污水处理厂，部分污染物达到了排放标准。20 世纪 60 年代以后，各种水质保护措施有效地发挥了作用，污水治理速度超过了污水增长速度，水质明显好转，在局部水域重新出现了鱼群。到 1982 年，泰晤士河已拥有 92% 的优质水河段，河中出现 102 种鱼类，沿河两岸已成为风景美丽的游览区。目前，泰晤士河全流域已建污水处理厂 470 余座，日处理能力为 $360×10^4$ t，几乎与给水量相等。

2. 湖泊、水库的水质保护

湖泊的富营养化给人类生活和生产活动带来很大的危害，因此湖泊水体保护的主要任务是防治湖泊富营养化。湖泊富营养化防治方法可分为外环境防治法和内环境防治法两类。

(1) 外环境防治法。

1) 建立污水处理厂。将富含氮、磷等营养物质的城市生活污水和工业废水引入污水处理厂，通过物理、化学和生物方法的三级处理，去除绝大部分的氮、磷等营养物质，使之达到入湖污染物规定的标准，然后再将其排入湖泊水域。

2) 设置前蓄水池或氧化塘。将含有营养物质较多的污水引入到人工的前蓄水池或氧化塘内停留一段时间，利用前蓄水池中天然藻类和细菌固定污水中的氮、磷等营养物质，使水质达到排放标准。

3) 引水灌溉。将富含营养物质的城市污水引到农田、森林或草地，作灌溉之用，既能增加农林的生物收获量，又能避免湖泊富营养化的危害。

4) 挖掘渗透沟。若营养物质主要来自面源，可采用挖掘渗透沟的办法，阻止农田作业场所或粪便堆积处的营养物质直接汇入湖内。污水在渗透过程中，其中的营养物质被土壤吸附。

5) 限制肥料的使用量。合理施肥是增加农业产量的必要措施，过量施肥不仅增加农业成本，而且还会造成营养物质的流失，导致湖水富营养化。因此，适当限制氮、磷等肥料的施用量，也是防止湖泊富营养化的途径之一。

6) 限制合成洗涤剂中的含磷量。目前，家用洗涤剂中 P_2O_5 的含量高达 10%～20%。在发达国家，生活污水中总磷量的 50%～70% 来自合成洗涤剂。因而，严格限制合成洗涤剂中的含磷量，已成为世界各国防治湖泊富营养化的重要对策。

(2) 内环境防治法。

1) 冲洗法。在水源允许的情况下，引进含营养物质较低的外部水源增加入湖水的流量。这样，既可以人为地缩短湖水的滞留时间，抑制浮游生物的生长，流出的湖水又能带走部分营养物质，降低湖水中营养盐类的浓度，从而起到防治湖泊富营养化危害的作用。

2) 深层排水法。由于湖水滞留期间营养盐类是从表层向深层移动的，所以深层水营养盐类的浓度高于表层。对深水湖泊采用深层排水法（如虹吸法），也能起到降低湖水中营养盐浓度的作用。

3) 人工循环抑制法。对小型湖泊、水库，采用喷射性注射泵来加速水的循环，或从湖泊底部注入空气，使湖水发生搅拌，致使不同深度的湖水达到均匀混合的状态，以抑制湖中浮游植物的生长，减轻湖泊富营养化的危害。

4) 挖深疏浚法。湖水中大量的营养盐类往往伴随泥沙和动植物残体沉入湖底，致使湖泊底质中营养物质富集。储存于底质中的营养盐类，在还原条件下又能向水中迁移，促进水体中浮游藻类的生长。因此，采用疏浚的办法取出富含营养盐的湖底淤泥，将其运至附近的农田作肥料，既可以利用营养物质增加农业产量，又能降低湖水中营养盐的浓度，增加湖泊的蓄水量，大大改善湖泊的水质状况。

5）人工捞藻法。采用人工的方法，把湖水中过量繁殖的藻类捞出，用于泡制优质的有机肥料。这既能增加农业产量，又能减轻湖泊营养物质负荷。

6）植草、栽藕、养鱼等生物措施。湖泊水体中氮、磷转化的一个重要环节是被水生动、植物所吸收。因而，在实施上述诸种措施的同时，辅以植草、栽藕、养鱼等生物措施，既能将营养物质转化为有用产品，又能减轻湖泊富营养化危害。

3. 地下水的水质保护

地下水保护主要包括两方面的内容：一是防止地下水的污染；二是防止过量开采地下水，以避免由于过量开采而产生的环境问题。地下水的污染除自然因素外，还有地表水的污染所致。工业废水未经处理或未达到排放标准就排入河流，高毒和高残留农药以及固体垃圾经雨淋滤，将有害物质带入地下，这些都是造成地下水污染的原因。在岩溶地区，直接向溶洞排污也会直接污染地下水。

为了防止地下水污染，1984 年施行的《中华人民共和国水污染防治法》中作出了以下规定。

（1）禁止企事业单位利用渗井、渗坑、裂隙和溶洞排放，倾倒含有毒污染物的废水、含病原体的污水和其他废弃物。

（2）若无良好隔渗地层，禁止企事业单位使用无防止渗漏措施的沟渠、坑塘等输送或者存储含有毒污染物的废水、含病原体的污水和其他废弃物。

（3）在开采多层地下水时，如果各含水层的水质差异大，应当分层开采；对已受污染的潜水和承压水，不得混合开采。

（4）兴建地下工程设施或进行地下勘探、采矿等活动，应当采取防护性措施，防止地下水污染。

（5）人工回灌补给地下水，不得恶化地下水。

为了合理利用地下水资源，必须依据区域水文地质条件对地下水资源进行正确的评价。全国和各省级地下水资源评价报告均已提出。国家已经明确规定，只有经过全国和地方矿产储量委员会批准的地下水资源，才能作为地下水开采设计和规划的依据。许多地区结合当地地下水资源的特点，已制定出一些地方性法规，这对于促进地下水资源的合理开发和利用起到了积极的作用。上述法规所包含的主要内容之一就是限制地下水的开发规模，以避免超量开采。

为了发挥地下空间的作用，扩大地下水源，解决因超量开采地下水而引起的诸多环境问题，欧美不少国家通过人工回灌对地下水进行人工补给。我国在北京、上海、江苏、山东等地也进行过此项工作。国内外许多地区的经验表明，地下水的人工回灌技术可行，效果良好。有些地区虽然有较为适宜的水文地质条件，但因缺少河、湖水源或地表水体污染较重而难以利用人工回灌技术。各地应根据当地条件，因地制宜地积极开展此项工作。

第七节　水资源危机

一、水资源的含义

水是生命之源，是人类生存和发展不可替代的资源，是经济社会可持续发展的基础。水资源（water resources）是自然资源的一种。"水资源"作为官方词语第一次出现于1894年，美国地质调查局（USGS）设立了水资源处（WRD），该水资源处的主要业务范围是地表河川径流和地下水的观测以及其资料的整编和分析等。在这里，水资源作为陆面地表水和地下水的总称。此后，随着水资源研究范畴的不断拓展，其内涵也在不断丰富和发展。

由于研究的领域不同或思考的角度不同，专家学者们对"水资源"一词的理解差异很大，对它的"定义"有四五十种之多。广义上的水资源指地球上水圈内的所有水体（世界上一切水体），包括海洋、河流、湖泊、沼泽、冰川、土壤水、地下水及大气中的水分，都是人类宝贵的财富。按照这样理解，自然界的水体既是地理环境要素，又是水资源。但是限于当前的经济技术条件，对含盐量较高的海水和分布在南北两极的冰川，目前大规模开发利用还有许多困难。狭义上的水资源不同于自然界的水体，它仅仅指在一定时期内，能被人类直接或间接开发利用的那一部分动态淡水水体。这种开发利用，不仅目前在技术上可能，而且经济上合理，且对生态环境可能造成的影响也是可接受的。作为水资源的水体一般应满足下列条件：①通过工程措施可以直接取用，或通过生物措施可以间接利用；②水质要符合用水的要求；③补给条件好，水量可以逐年更新。这种水资源主要指河流、湖泊、地下水和土壤水等淡水，个别地方还包括微咸水。这几种淡水资源合起来只占全球总水量的 0.77% 左右，约为 1065 万 km^3。

二、水资源危机

水资源危机通常是指水资源严重短缺或水资源环境遭到严重破坏，直接威胁人类正常的社会经济活动和日常生活活动。水资源危机可以分为以下 5 种类型，即缺水型危机、水质型危机、管理型危机、工程型危机及生态型危机。缺水型危机意味着没有足够量的水资源可以满足人民的生存需要，水资源的供应与社会进步和经济发展的速度不相协调。水质型危机是指人类的生活和生产劳动以及对水资源的开发利用所产生的水污染，已超出水环境承载能力。换句话说，如果工农业废弃物未经处理就直接排放或者水污染在经过力所能及的处理后仍然超出水体的自净能力，就会造成对水环境和水生态系统的破坏，出现水质型危机。管理型危机是指传统的水资源管理思路已不适应新时期水资源管理形势的需要，不利于水资源系统本身的良性循环和人与水的和谐发展。在一定时期、一定流域（地区）内，在供水水源有保障的情况下，由于供水工程（蓄水、引水、提水、输水等工程）的供水规模及能力不足，或供水工程存有缺陷（事故、质量问题）不能正常运行供水，不能满足用户的正常用水要求而形成的水资源危机，可称为工程型危机。生态型危机是指在水资源短缺的地区，水土资源的过度开发和经济的高速发展必然导致工业和城市挤占农业用水，农业用水又挤占生态环境用水，最终导致生态环境的恶化。另外，人类对于尊重自然、保护自然和对后代负责的文化意识相对薄弱，导致对生态环境的冲击没有限制在其承载力以内，没有考虑可再生资源的消耗率应保持在再生速度的限度内，更没有将生态环境保护与经济发展有机结合起来，长期忽视了发展与资源和环境的密切关系。

近年，水危机意识在世界范围内高涨，原因在于世界上 1/5 的人得不到安全饮用水，每年有 300 万～400 万人死于水质性疾病。《联合国水资源报告》显示，目前世界上有 7 亿人口在水资源不足的状况下生活，因而只能获得不卫生的水，每天有 4900 名（每年间约 180 万名）儿童死亡。更有甚者，水资源短缺造成粮食产量降低和生态系统被破坏，地下水枯竭和过度开采造成地下水位下降，出现湖泊缩小和湿地消失，出现各种人为灾害，对生态用水的挤占极大破坏了生物多样性。在埃及，水资源几乎完全来自尼罗河。目前，尼罗河实际上无水流入地中海（仅有排水），几乎完全在埃及境内抽取。由于纳赛尔湖入流方式和水量的改变、气候的变化和上游国家的开发，水在当地已经成为一种威胁。为此，在水资源的开发和利用上，埃及实行集中统一管理。无论是地表水、地下水还是废水，都由水资源灌溉部实行统一管理与分配，并实行立法管理，实行不同用水价格政策。

我国是严重缺水的国家之一，已进入水资源危机初期。除缺水外，各大江河、湖泊污染日益严重。水资源的严重短缺，对经济发展、人民生活和生态环境带来灾难性的后果，大半个中国都处在水危机中。中国水资源不仅面临整体短缺，空间和时间分布上的不均衡也很突出，随着气候的变化，旱情也严重地影响了已往相对安全的地区。从水利部门的预测来看，水资源危机将会持续发展，2010 年我国缺水 318 亿 m^3，已进入严重缺水期，2030 年将缺水 400 亿～500 亿 m^3，进入缺水高峰期。目前，水资源危机正在全球蔓延。水危机分两种：一种是水资源遭到过度开发，导致地下水和河流水位下降甚至干涸；另一种是由于缺乏技术和资金支持而导致无法掌控、利用本来相当丰富的水资源。

三、全球出现淡水短缺的原因

（一）水资源数量本身的有限性

地球上的总水量是一定的，约 13.86 亿 km^3，但其中 96.5％是含盐量较高的海水，目前不能为人类大量地直接取用。而地球上含盐量不超过 1‰的淡水仅占全球总储水量的 2.53％，约 0.35 亿 km^3。再加上这一微量比例的淡水中，大部分是固体冰川，被固定在地球两极和高山地带，限于目前的技术水平还难以利用；液态淡水中，又绝大部分是深层地下水，开采利用得也很少。所以目前人类容易利用的淡水有河水、淡水湖泊水、浅层地下水和土壤水等，储量为 1065 万 km^3，只占全球淡水总量的 30.4％，全球总储水量的 0.77％。

尽管水资源是可再生的动态资源，但再生更新需要一定的过程，因此在一定时间和空间范围内，水资源是非常有限的。再加上，限于当前的技术经济条件，大部分洪水未被人类控制，白白地流归海洋，又有相当部分径流流经人烟稀少的热带雨林地区。因此，即便从水循环的动态观点看，全世界真正可有效利用的淡水资源每年只有 9000km^3。

（二）水资源时空分布的不均匀

水资源在自然界中具有一定的时间和空间分布。时空分布的不均匀性是水资源的重要特性。全球水资源的分布表现为极不均匀性。

1. 空间分布不均匀

对人类最有实用意义的水资源是河川径流量和浅层地下淡水量。河川径流量包含大气降水和高山冰川融水形成的动态地表水，和由降水补给的浅层动态地下水，基本上反映了动态水资源的数量和特征，所以世界各国通常用河川径流量近似表示动态水资源量。由于太阳辐射、大气环流、海陆分布、地形条件和人类活动等的影响，地球上的降水、地表水和地下径流分布都很不均匀。世界各大洲陆地年径流总量为 4.68 万 km³（包括南极洲）（表 2.4），折合径流深 314mm。按大洲而论，亚洲最多（14410km³），南美洲其次（11760km³），再依次为北美洲（8200km³）、非洲（4570km³）和欧洲（3210km³），大洋洲（2090km³）最少。主要原因是各大洲承受降水的面积相差很大。

表 2.4　　　　　　　　　　　　世界各大洲降水量与径流量分布

大　陆 （连同岛屿）	面积 /10⁴ km²	降水量		径流量		占总径流量 /%
		/mm	/km³	/mm	/km³	
亚洲	4347.5	741	32200	332	14410	31
非洲	3012.0	740	22300	151	4570	10
北美洲	2420.0	756	18300	339	8200	17
南美洲	1780.0	1596	28400	661	11760	25
南极洲	1398.0	165	2310	165	2310	5
欧洲	1050.0	790	8290	306	3210	7
澳大利亚	761.5	456	3470	39	300	0.6
大洋洲（各岛）	133.5	2704	3610	1566	2090	4.4
全球陆地	14902.5	798	118880	314	46850	100

注　资料来源：《中国大百科全书·水利》卷，1992 年。

大洋洲各岛屿的水资源最为丰富，平均年降水量达到 2700mm，年径流深超过 1500mm。南美洲的水资源也较丰富，平均年降水量为 1600mm，年径流深为 660mm，降水、径流约相当于全球陆地平均值的两倍。澳大利亚是水资源最贫乏的大陆，平均年降水量约 460mm，年径流深只有 40mm，有 2/3 的面积为无永久性河流的荒漠、半荒漠，年降水量不足 300mm。欧洲、亚洲、北美洲的水资源条件中等，年降水量和年径流深均接近全球陆地平均值。非洲有大面积的沙漠，年降水量虽然接近全球陆地平均值，但年径流深仅有 150mm，不到全球平均水平的一半。南极洲的降水量很少，年平均只有 165mm，没有一条永久性河流，然而却以冰川的形态储存了地球淡水总量的 62%。

按国家论，年径流量超过 1 万亿 m³ 的国家依次为巴西（51912 亿 m³）、加拿大（31220 亿 m³）、美国（29702 亿 m³）、印度尼西亚（28113 亿 m³）、中国（27115 亿 m³）和印度（17800 亿 m³）。

按地区分布，巴西、俄罗斯、加拿大、中国、美国、印度尼西亚、印度、哥伦比亚和刚果 9 个国家的淡水资源占世界淡水资源的 60%，而约占世界人口总数 40% 的 80 个国家和地区的人口面临淡水不足，其中 26 个国家的 3 亿人口完全生活在缺水状态。预计到

2025 年，全世界将有 30 亿人口缺水，涉的国家和地区达 40 多个。

全球降水有随纬度增加而减少的趋势，赤道多雨带是全球降水量最多的地带，相应的径流量也最丰富。地球上约 1/3 的地区为干旱与半干旱带，这些地区降水稀少，地表很少产生径流，甚至为大面积的无流区。

中国水资源的地区差异特别明显，年降水量和径流深从东南沿海向西北内陆递减。

水资源空间分布的不均衡使得有些国家和地区水资源丰富，有些国家和地区水资源却又贫乏。为解决区域性缺水问题，不少国家兴建了跨区域性的调水工程，如中国的"南水北调"工程。

2. 时间分配的不均匀性

水资源的时间变化具有十分复杂的表现形式：既有在确定性因素影响下的周期性变化，又有在随机性因素影响下的不重复性变化。受气候和地理因素的影响，地球上的降水在时程上的分配是不均匀的，相应的径流量变化也很大，与用水部门的需要不适应。世界上相当多的地区，尤其是大陆性和季风性气候区，水资源的年内分配不均、年际变化大。海洋性气候区，水资源的季节和年际变化相对较小。例如，我国受大陆性季风气候影响，大部分地区冬春少雨，多春旱；夏秋多雨，多洪涝。降水量和径流量的年际变化也很大，而且常常是连续数年的多水期与连续数年的少水期交替出现。出现连续多水年时，可导致大洪涝；出现连续少水年时，可导致严重旱灾。

（三）人类对水资源需求的数量和质量不断提高

随着全球人口的急剧增长，工农业生产水平的迅猛发展，城市化以及人们生活水平的提高，人类对水资源需求的数量和质量不断提高。1900—1975 年世界农业用水量增加了 7 倍，工业用水量增加了 20 倍，1995 年全球用水总量已达 36000 亿 m³。联合国《2018 年世界水资源开发》显示，由于人口增长、经济发展和消费方式转变等因素，全球对水资源的需求正在以每年 1% 的速度增长，而这一速度在未来 20 年还将大幅加快。尽管目前农业仍是最大的用水行业，但未来工业用水和生活用水需求量将远大于农业需水量。对水资源需求的增长最主要来自于发展中国家和新兴经济体。与此同时，气候变化正在加速全球水循环，其结果便是，湿润的地区更加多雨，干旱的地区更加干旱。目前，约有 36 亿人口，相当于将近一半的全球人口居住在缺水地区，也就是说一年中至少有一个月的缺水时间，而这一人口数量到 2050 年可能增长到 48 亿~57 亿人之多。

据水利部发布的《2016 年中国水资源公报》，2016 年全国用水总量为 6040.2 亿 m³。其中，生活用水 821.6 亿 m³，占用水总量的 13.6%；工业用水 1308.0 亿 m³，占用水总量的 21.6%；农业用水 3768.0 亿 m³，占用水总量的 62.4%；人工生态环境补水 142.6 亿 m³，占用水总量的 2.4%。

（四）水体污染严重、使可利用的水资源大大减少

在水资源日趋严峻的形势下，世界性水资源污染却十分严重。由于人类对森林资源破坏性的滥伐，工业发展后废水的大量排放，生态平衡人为的破坏和不断毒化、污染，人口数量的不断增多，世界性水资源污染问题日益严重，真正可供人类饮用的水在惊人地减少。据相关材料的统计，全世界每年大约有 4200 亿 m³ 污水排入江河，仅此排放量就占世界淡水总量的 14% 左右。工业废水的排放，已使全世界河流 40% 受到严重的污染，其污

染物中有毒性很大的铬、汞、氰化物、酚类化合物、砷化物等。联合国就人类饮水问题专题研究表明，现今的世界大约有 10 亿人口得不到符合卫生标准的饮用水，不少儿童因得不到清洁饮水而过早死亡，其死亡人数每天竟多达几万名。

2017 年 3 月 6 日，联合国发布了《2017 年联合国世界水资源发展报告》。该报告主要聚焦了水资源的利用效率，重点分析了当前对废水再利用的各种发展情况。在全球范围内，有将近 80% 的污水没有经过处理就直接排放。从排放污水的分布中分析，高收入国家有将近 70% 的废水是由市政排放和工业废水组成，中等收入国家这一比例达到 38%，低等收入国家这一比例为 28%。部分高收入国家配备了相关的废水处理设备，但是废水处理量占废水总排放量的比例仍旧很低。尤其一些发展中国家，废水处理的基础设施缺乏，处理技术与废水处理的相关配套设施、融资平台等各方面条件仍旧处于落后阶段。

良好的卫生服务条件可以大大减少健康风险，从 1990 年全球开始呼吁改善卫生设施条件以来，有近 21 亿人口从改善卫生服务设施中获益，目前仍有 24 亿人口的卫生条件达不到标准要求。改善卫生服务设施并不等同于提高废水资源利用率，目前，全球只有 26% 的城市人口和 34% 的乡村人口达到了安全卫生的设施条件。2030 年可持续发展目标要求要建立一个完善的水资源利用与卫生体系，到 2030 年，实现污水排放的大幅下降，水质得到有效改善，和水有关的危险化学品得到有效回收。污水处理技术得到大幅提高与全面推广。

我国的水质分为五类，作为饮用水源的仅为 Ⅰ 类、Ⅱ 类、Ⅲ 类。2016 年我国达不到饮用水源标准的 Ⅳ 类、Ⅴ 类及劣 Ⅴ 类水体在河流、湖泊（水库）、省界水体及地表水中占比分别高达 28.8%、33.9%、32.9% 及 32.3%，且相较于西方发达国家，我国水体污染更主要以重金属和有机物等严重污染为主。

（五）用水浪费和盲目开采加剧了水荒

联合国在最新公布的《世界水资源开发报告》中认为，导致目前全球水危机的主要原因是管理不善。世界许多地方因管道和渠沟泄漏及非法连接，有多达 30%～40% 甚至更多的水被白白浪费掉了。

在中国普遍存在水资源浪费、水资源利用效率低等不合理现象。发达国家早在 20世纪四五十年代就开始采用节水灌溉，目前许多国家实现了输水渠道防渗化、管道化、大田喷灌、滴灌化、灌溉科学化、自动化，灌溉水的利用系数达到 0.7～0.8，而我国农业灌溉用水利用系数大多只有 0.3～0.4。其次工业用水浪费也十分严重，目前我国工业万元产值用水量约 80m³，是发达国家的 10～20 倍；我国水的重复利用率为 40%左右，而发达国家为 75%～85%。中国城市生活用水浪费也十分严重，据统计全国多数城市自来水管网仅跑、冒、滴、漏损失率为 15%～20%。对比美、日等发达国家的用水水平，我国的用水效率还很低。据水利部发布《2016 年中国水资源公报》，2016 年全国人均综合用水量 438m³，万元国内生产总值（当年价）用水量 81m³。耕地实际灌溉亩均用水量 380m³，农田灌溉水有效利用系数为 0.542，万元工业增加值（当年价）用水量为 52.8m³，城镇人均生活用水量（含公共用水）为 220L/d，农村居民人均生活用水量为 86L/d。

四、解决水资源危机的措施

1. 控制人口增长

地球上的水资源数量是有限的，如果人口无节制地增长，水资源的需求量就会不断增加，可利用的水资源会越来越少，水是人类生存之本，水资源匮乏将最终影响到人类的生存和发展。因此，必须控制人口数量，防止人口过量增长。目前世界上人口增长快的地方大多在发展中国家，大多数发达国家人口数量增长缓慢，有的甚至出现负增长。因此，控制人口数量的主要任务落在了发展中国家的身上。2015 年全球人口有 73 亿人，到了 2050 年可能达 91 亿人。

2. 大力推广节水技术、建立节水型社会

提高工农业水资源利用率、限制高耗能水工业发展、发展节水农业、制定法律法规，提高人们节水意识、实行水价调节。在节约用水中，农业节水是关键。大力推广喷灌、滴灌和管灌等先进适用节水灌溉技术，发展现代旱作节水农业，加强农艺节水措施，积极培育旱作物品种，全力推进农业结构调整。在工业企业方面，要转变落后的用水方式，健全、完善企业节水管理体系、指标考核体系，促进企业向节水型方向转变，大力推广节水新工艺，加快企业技术改造，大力提高工业用水的循环利用率，加强企业内部的污水处理回用。在城镇生活用水中，大力宣传全社会节约用水的同时，推广、使用节水设施，提高节水器具普及率；加大城镇供水系统改造，降低管网漏损率。在市政公共事业用水中优先使用再生水。个人、集体、各行各业和全民都要节约用水，从而形成一个节水型社会。

建立以水权、水市场理论为基础的水资源管理体制，形成以经济手段为主的节水机制，建立自律式发展的节水模式，不断提高水资源承载能力，提高水资源利用效率和效益，促进经济、资源、环境协调发展。水的价格在很多国家，特别是在一些发展中国家被定得很低，有的甚至是免费使用，这是造成水资源浪费严重的重要根源。所以，要通过合理的价格让人们知道水是一种商品，而且将成为一种珍贵商品，而不是像空气一样的"免费物品"。确定合理的用水价格还意味着取消各种用水补贴，补贴也是各种浪费水的根源之一。世界水事委员会建议，致使浪费的普遍用水补贴应该取消，代之以能使投资取得可观收益的水费，而以个别补贴帮助穷人。坚持"污染者交费，使用者交费"的原则。对贫困人口的帮助应该明确目标，而不是向所有人都发放补贴。

3. 开辟新水源、积极开展海水淡化

充分挖掘当地的水资源潜力，通过加大雨洪资源利用，在山区和丘陵区修建水池、水窖、小塘坝等拦蓄工程和引水工程，在平原区修建河渠串联工程和引蓄水工程，在沿海地区兴建海水、微咸水淡化工程，在咸水区开采浅薄层淡水，积极开展污水处理回用和人工增雨作业等措施，力争实现雨洪资源化、污水资源化和劣质水资源化，最大限度地减少水资源供需矛盾。

洪水资源化就是要利用洪水自身有利的一面，通过综合治理手段，依靠对洪水资源的科学分配调度，实现洪水向资源的转化；通过洪水从水资源丰沛地区或相对过剩地区向水资源缺少地区的转移，提高洪水的经济价值，促进社会经济的可持续发展。

污水资源化又称废水回收（waste water recovery），是把工业、农业和生活废水引到预定的净化系统中，采用物理、化学或生物的方法进行处理，使其达到可以重新利用标准的整个过程。这是提高水资源利用率的一项重要措施。城市处理废污水，用于工业循环用水，既可减少淡水消耗，又可保护环境，逐步做到工业用水零增长。此外，对高浓度污水进行处理，用于灌溉农业，成为各国农业灌溉的又一发展趋势。

淡化海水和回收废水。海水淡化是开拓人类新水源的重要途径。在地球上，97%的水来自海洋，而全球人口的70%居住在离大海不到80km远的地方，所以，海水淡化如今已被看做未来解决水问题的途径。技术上的一些改进已使海水淡化显示出光明的前景。美国的国际水资源办公室估计，1999年全世界的海水淡化能力是每天2700万 m^3，2004年上升到4000万 m^3。目前全球已有10000余座海水淡水厂，其中中东国家的海水利用发展最快，已能满足当地居民近2/3的生活用水需要。

4. 加强水资源管理的国际合作

大多数与水量和水质有关的问题特别是国际河流和国界河流，需要各国政府加强对话，广泛考虑社会生态和经济因素以及各种需要，达成共识，采取一些国家和地区之间的联合行动，保证水资源更为合理分配。

世界水事委员会建议，通过建立"用户委员会"，使水资源使用者同政府一样拥有发言权，并设立"水资源创新基金"以鼓励人们为水资源的利用提供建设性意见，彻底改革解决水资源拥有权和使用权纠纷的机制，从法律和制度方面加强对全球水资源的保护。各国都应遵守有关水资源利用方面的国际公约，对水资源统筹利用，从生态学角度考虑使用水资源的问题，遵循"有偿使用"的原则，以此促进经济发展。

第三章 海洋水文灾害

第一节 海洋水文灾害概述

一、地球上的海洋

地球表面积为 $5.1 \times 10^8 \text{km}^2$，其中海洋面积为 $3.61 \times 10^8 \text{km}^2$，约占地球表面积的 70.8％，相当于陆地面积的 2.5 倍。地球上各海洋彼此联系、沟通形成一个连续而广大的水域，称为世界大洋，其水量达 $13.38 \times 10^8 \text{km}^3$，约占地球上总水量的 96.5％。地球上陆地全部为海洋所分开与包围，所以陆地是断开的，没有统一的世界大陆；而海洋却是连成一片，各大洋相互沟通，它们之间的物质和能量可以充分地进行交流，形成统一的世界大洋，使海洋具有连续性、广阔性，成为地球上水圈的主体。根据水文物理特性和形态特征，可分为主要部分（主体部分）和附属部分。主要部分是洋，附属部分为海、海湾、海峡，它们处在与陆地毗邻的位置，是洋的边缘部分。

洋是世界大洋的主体，远离大陆，具有深度大、面积广、不受大陆影响等特性，并具有稳定的理化性质、独立的潮汐系统和强大的洋流系统的水域。世界大洋按岸线轮廓、洋底起伏、水文特征分成四部分，即太平洋、大西洋、印度洋和北冰洋。

海是指位于大陆的边缘（或大洋的边缘），由大陆、半岛、岛屿或岛屿群等在不同程度上与大洋主体隔开的水域。具有深度浅、面积小，兼受洋、陆影响的特性，并具有不稳定的理化性质，潮汐现象明显，基本上不具有独立的洋流系统和潮汐系统，是大洋的附属部分，即海总从属于一定的洋。据国际水道测量局统计，全球共有 54 个海（包括一些海中之海）。

海湾是指洋或海的一部分伸入大陆，深度逐渐变窄的水域。海湾中的海水因其与邻近海或洋相通，故海水性质与相邻海洋的性质相似。海湾中的最大水文特点是潮差很大，原因是深度和宽度向大陆方向不断减小。例如，杭州湾的钱塘江怒潮，潮差一般为 6～8m；北美芬地湾潮差更达 18m 之最。

海峡是指位于两块陆地之间，两端连接海洋的狭窄水道，如连接东海与南海的台湾海峡等。

海洋不仅面积上超过陆地，而且它的平均深度值也超过了陆地的平均高度值。海洋平均深度达 3795m，而陆地平均高度值为 875m。

海洋是一个巨大的水体，是到达地球表面太阳辐射的主要接收者。海水吸收太阳辐射后，通过热传导和海水运动向海洋深层传递，因此海洋成为太阳热能的巨大储存库。海洋是水汽输送的重要源地，是海陆降水的主要水汽源，同时又是陆地径流总汇集地。海洋是地球上生命的摇篮、地球上最大的沉积场所、水生生物最广阔的生活场所、人类的资源宝库和全球最大的生态系统。

二、海洋灾害的成因

海洋自然环境发生异常或激烈变化，导致在海上或海岸发生的灾害称为海洋灾害（marine disasters）。海洋灾害主要指风暴潮灾害、海浪灾害、海冰灾害、海雾灾害、飓风灾害、地震海啸灾害及赤潮、溢油灾害等突发性的灾害，以及海岸侵蚀、海湾淤积、海咸水入侵沿海地下含水层、海平面上升、沿海土地盐渍化等缓发性灾害。与海洋与大气相关的灾害性现象还有"厄尔尼诺现象"和"拉尼娜现象"等。

引发海洋灾害的主要原因大致有四方面：①受大气强烈扰动产生的海洋灾害，如台风、巨浪等；②受海水扰动或状态的骤变而引发的海洋灾害，如风暴潮、海冰等灾害，这类灾害的特点是地域性强；③海底地震、火山喷发及其伴生的海底塌陷、海底裂缝、海底滑坡等岩石圈运动引发的海洋灾害，如海啸灾害等，这类灾害突发性强，现在尚不能准确预测和预报，一旦遭受海啸侵袭，损失都比较严重；④由人类活动引发的海洋灾害，如赤潮、海洋污染等，这类灾害随着人类社会经济的发展，在某种程度上有加重的趋势，不仅在灾害的频数上，更突出地表现在危害性方面。赤潮是近几十年来开始增多的海洋灾害，发生的范围不断扩大，危害程度也越来越重，已成为当今困扰沿海国家的一种较普遍的灾害。海洋污染灾害是由于人类过多地排放有害和有毒的物质入海造成的。这些物质很难在短期内净化，有的沉入海底，有的被海洋流带到别处，有的被海洋生物吸收，转而对人体健康造成威胁，特别是石油、重金属和放射性物质的污染，其危害最严重。

海洋灾害主要威胁海上及海岸，有些近危及广大纵深地区的城乡经济及人民生命财产的安全。例如，风暴潮所导致的海侵，即海水上陆，在我国少则几千米，多则 20～30km，甚至达 70km。一次海潮所淹没的有时多达 7 个县，数万乃至十多万人丧生，几十万人受灾。至于海潮溯江河而上，与洪水顶托，则可能导致沿江河更大范围的潮水水患灾害。

许多海洋灾害还会在受灾地区引起一系列次生灾害和衍生灾害，如风暴潮、风暴巨浪引起海岸侵蚀、沿岸土地盐渍化及海咸水浸染加剧等。

我国海岸线漫长，濒临的太平洋又是产生海洋灾害最严重、最频繁的大洋。加之我国约有 70% 以上的大城市，一半以上的人口和近 60% 的国民经济，都集中在最易遭受海洋灾害袭击的东部经济带和沿海地区。因此，海洋灾害在我国自然灾害总损失中占有很大的比例。近年来，这个比例已经占到全国自然灾害总损失的 10% 以上，一次灾害可能造成多达上百亿元的经济损失。

第二节　风暴潮灾害

一、风暴潮概念

风暴潮指由强烈大气扰动，如热带气旋（台风、飓风）、温带气旋（寒潮）等引起的海面异常升降现象，又称"风暴增水""风暴海啸""气象海啸"等。风暴潮会使受到影响的海区潮位大大超过正常潮位。如果风暴潮恰好与影响海区天文潮位高潮相重叠，就会使水位暴涨，海水涌进内陆，造成巨大破坏。例如，1953年2月发生在荷兰沿岸的强大风暴潮，使水位高出正常潮位3m多，洪水冲毁了防护堤，淹没土地80万英亩，导致2000余人死亡。又如，1970年11月12—13日发生在孟加拉湾沿岸地区的一次风暴潮，曾导致30余万人死亡和100多万人无家可归。

风暴潮的空间范围一般由几十千米至上千千米，时间尺度或周期约为数小时到100h，介于地震海啸和低频天文潮波之间。但有时风暴潮影响区域随大气扰动因子的移动而移动，因而有时一次风暴潮过程可影响1000～2000km的海岸区域，影响时间多达数天之久。

风暴潮一般以诱发它的天气系统来命名，如由1980年第7号强台风（国际上称为Joe台风）引起的风暴潮，称为8007台风风暴潮或Joe风暴潮；由1969年登陆北美的Camille飓风引起的风暴潮，称为Camille风暴潮等。温带风暴潮大多以发生日期命名，如2003年10月11日发生的温带风暴潮称为"03.10.11"温带风暴潮，2007年3月3日发生的温带风暴潮称为"07.03.03"温带风暴潮。

二、风暴潮的分类

风暴潮的成因主要是大风引起的增水和天文大潮高潮的叠加结果。根据风暴潮性质，可分为由温带气旋引起的温带风暴潮和由台风引起的台风风暴潮。温带风暴潮，多发生于春秋季节，夏季也时有发生。其特点：增水过程比较平缓，增水高度低于台风风暴潮，主要发生在中纬度沿海地区，以欧洲北海沿岸、美国东海岸以及我国北方海区沿岸为多。台风风暴潮，多见于夏秋季节。其特点是来势猛、速度快、强度大、破坏力强。凡是有台风影响的海洋国家、沿海地区均有台风风暴潮发生。

风暴潮的突出特点是出现海面异常升高。因此标示风暴潮强度的基本指标是增水位。据此把风暴潮分为4个等级：风暴增水，增水值小于1m；弱风暴潮，增水值为1～2m；强风暴潮，增水值为2～3m；特强风暴潮，增水值大于3m。

三、风暴潮的分布

据统计，全球有8个热带气旋（台风或飓风）多发区：西北太平洋、东北太平洋、北大西洋、孟加拉湾、阿拉伯海、南太平洋、西南印度洋和东南印度洋。其中，西北太平洋居首位，世界台风总数的1/3发生在这一海区，这里不仅台风多，而且强度大。因而，位于该海区沿岸的中国、菲律宾、越南、日本等国家，遭受台风及风暴潮袭击的机会也最多。受温带风暴潮影响严重的地区，大都在20°N以北的沿海一带，以南的地方一般不会出现温带风暴潮或受其影响很小。

根据最近50年的统计，孟加拉国、日本、美国和荷兰是最易发生风暴潮灾害的国家，特别是孟加拉国沿海地区，极易受风暴潮的袭击，几乎每两年就发生一次较大的潮灾，每10年出现一次特大潮灾。日本是位于太平洋西北部的岛国，也是风暴潮灾害多发的国家之一。美国地处中纬度，也是一个多风暴潮的国家。飓风和温带气旋引起的风暴潮都能光顾到它的沿海地带。特大飓风风暴潮大约4年一次，每次的损失约数亿美元。荷兰是世界上著名的低洼泽国，大小河流纵横交错。首都阿姆斯特丹市由 100 多个小岛组成，市内水渠交汇，地势低平，海拔只有几米高，加之荷兰沿岸潮差较大，很容易发生风暴潮灾害。

四、风暴潮的危害

风暴潮灾主要是由气象因素引起，它不仅在发生时造成沿海居民巨大的生命财产损失，还给沿海的滩涂开发和海水养殖带来严重的破坏，并可能在风暴潮灾过后伴随着瘟疫流行、土地盐碱化，使粮食失收、果树枯死、耕地退化，并污染沿海地区的淡水资源，而使人畜饮水出现危机，生存受到威胁。沿海某些海岸也因风暴潮多年冲刷而遭到侵蚀。这种因潮灾带来的次生灾害，几年内也难以消除。2005 年 8 月 29 日，"卡特里娜"飓风及引发的风暴潮袭击了世界上最富有、科技最发达的美国。在路易斯安那州、密西西比州、阿拉巴马州和佛罗里达州的滨岸地区掀起 5～9m 高的风暴潮。在密西西比州的比罗西市发生了高达 10m 的风暴潮，这是美国历史上曾经发生的最高的风暴潮。如此强烈的风暴潮，海水淹没了地势低于海平面的新奥尔良等地，大批房屋建筑被淹，导致墨西哥湾沿岸的石油工业陷入瘫痪，能源设施破坏严重，由此引发全国汽油价格飙升，创历史新高。"卡特里娜"飓风整体造成的经济损失可能高达 2000 亿美元，成为美国史上破坏最大的飓风。这也是自 1928 年"奥奇丘比"（Okeechobee）飓风以来，死亡人数最多的美国飓风，至少有 1836 人丧生。

风暴潮能否成灾，主要取决于其最大风暴潮位是否与天文潮高潮相叠，尤其是与天文大潮的高潮相叠。当然，也决定于受灾地区的地理位置、海岸形状、岸上及海底地形，尤其是滨海地区的社会及经济（承灾体）情况。如果最大风暴潮位恰与天文大潮的高潮相叠，则会导致发生特大潮灾，如 9216 号台风风暴潮。1992 年 8 月 28 日至 9 月 1 日，受第 16 号强热带风暴和天文大潮的共同影响，我国东部沿海发生了 1949 年以来影响范围最广、损失非常严重的一次风暴潮灾害。受灾人口达 2000 多万人，死亡 194 人，毁坏海堤 1170km，受灾农田 193.3 万 hm²，成灾 33.3 万 hm²，直接经济损失逾 90 亿元。

2007 年 3 月 4—5 日，受强冷空气和温带气旋的共同影响，渤海湾、莱州湾出现自 1969 年以来最强的一次温带风暴潮灾害，这次风暴潮造成山东省 3 人死亡，7 人失踪，受灾人口达 64.15 万人。风暴潮损坏船只 2100 余艘，使 600 多间房屋倒塌，农作物受灾面积 35.71 千 hm²，直接经济损失达 19.65 亿元。

如果风暴潮位非常高，虽然未遇天文大潮或高潮，也会造成严重潮灾。8007 号台风风暴潮就属于这种情况。当时正逢天文潮平潮，由于出现了 5.94m 的特高风暴潮位，仍造成了严重风暴潮灾害。

随着社会的发展和客观的需要，我国对风暴潮灾的防范工作也日益得到重视和加强。目前在沿海已建立了由 280 多个海洋站、验潮站组成的监测网络，配备比较先进的仪器和计算机设备，利用电话、无线电、电视和基层广播网等传媒手段，进行灾害信息的传输。随着沿海经济发展的需要，抗御潮灾已是一项重要战略任务。

五、我国的风暴潮

在我国，几乎一年四季都有风暴潮灾发生，并遍及整个中国沿海，其影响时间之长、地域之广、危害之重均为西北太平洋沿岸国家之首。

我国历史上最早的潮灾记录要追溯到公元前，在《中国历代灾害性海潮史料》（1984）中，统计了中国历史上从公元前48年到1946年这一漫长岁月中各个朝代风暴潮灾发生的次数，共计576次。随着年代的延伸，风暴潮灾的记载也日趋详细，一次潮灾的死亡人数由"风潮大作溺死人畜无算"，到给出具体死亡人数。从这些详细的记载中不难看出每次死于风暴潮灾的，少则数百、数千人，多则万人乃至十万人之巨。从史料中可看出我国历史上风暴潮灾之严重。

1949—1999年的51年间，中国共发生最大增水1m以上的台风风暴潮高达288次，年均5.65次；最大增水2m以上的严重台风风暴潮52次，年均1.02次；最大增水3m以上的特大风暴潮10次，年均约0.2次。造成显著灾害损失的共计128次，年均2.51次，是由128个台风和少数强热带风暴、热带风暴引起的风暴潮造成的。这128个台风风暴潮，在全中国沿海省、自治区、直辖市共造成18次特大风暴潮灾害。进入20世纪90年代，台风风暴潮灾害越发严重。

就风暴潮灾害影响的空间范围而言，中国风暴潮灾的分布几乎遍布各滨海地区，其中渤黄海沿岸主要以温带风暴潮灾为主，偶有台风风暴潮灾发生，东南沿海则主要是台风风暴潮灾。风暴潮灾的多发区为以下5个岸段（国家科委全国重点自然灾害综合研究组，1994）：渤海湾至莱州湾沿岸（以温带风暴潮灾为主）、江苏南部沿海到浙江北部（主要是长江口、杭州湾）、浙江温州到福建闽江口、广东汕头到珠江口、雷州半岛东岸到海南省东北部。从风暴潮综合危险度讲，最严重的是台湾、浙江、广东，其次为广西、福建，以下依次为江苏、山东。福建主要受太平洋台风影响，但由于台湾省在地形上起到一个屏障作用，故遭受台风灾害的风险性要小些。

以下是近几年发生的主要台风风暴潮灾害事件。

1. 0908"莫拉克"台风风暴潮灾害

台风"莫拉克"于2009年8月9日16时20分在福建省霞浦县北壁乡登陆。受风暴潮和近岸浪的共同影响，福建、浙江和江苏省直接经济损失32.65亿元。沿海最大风暴增水为232cm，发生在福建省连江县琯头站；浙江、福建两省沿海共有16个验潮站的增水超过100cm，其中浙江省8个，福建省8个；沿海共有11个验潮站的最高潮位达到或超过当地警戒潮位，其中福建省长乐市白岩潭站超过当地警戒潮位达88cm。

此次风暴潮福建省受灾人口165万人，农田受淹66060hm²，海洋水产养殖受损7460hm²，其中池塘养殖受损4600hm²，网箱损坏62654个；防波堤损坏9.2km，护岸受损17.92km，码头毁坏1167个；船只损毁1152艘。长乐市外文武海堤外堤受损约35m，防浪墙被摧毁，约10m宽的堤顶被巨浪击碎。宁德市霞浦县牙城镇洪山海堤损坏，堤内1200亩滩涂养殖受损。全省直接经济损失19.83亿元（图3.1）。

2. 1003"灿都"台风风暴潮灾害

台风"灿都"于2010年7月22日13时45分在广东省吴川市五阳镇登陆。沿海监测到最大风暴增水为196cm，发生在广东省水东站；增水超过100cm的还有广东省北津站，为101cm，其最高潮位接近当地警戒潮位。广东省受灾人口236.3万人，死亡（含失踪）5人，房屋损毁1.20万间，水产养殖损失28.81千hm²，防波堤受损106.37km，护岸损

图 3.1 福建省宁德市霞浦县三沙镇遭受 0908 "莫拉克" 台风风暴潮袭击

毁 673 个。因灾造成直接经济损失 30.62 亿元。广西受灾人口 84.24 万人，淹没农田 38.41 千 hm²，水产养殖损失 0.84 千 hm²，防波堤损毁 7.92km，护岸损毁 7 个。因灾造成直接经济损失 1.53 亿元。

3. 1117 "纳沙" 台风风暴潮灾害

强台风 "纳沙" 于 2011 年 9 月 29 日 14 时 30 分在海南省文昌市翁田镇登陆。受风暴潮和近岸浪的共同影响，广东省、海南省和广西壮族自治区受灾严重，直接经济损失 31.06 亿元。沿海最大风暴增水发生在广东省湛江市南渡站，为 399cm，增水超过 300cm 的还有湛江站，增水超过 100cm 的有广东省三灶、闸坡和海南省秀英等站；共有 5 个验潮站的最高潮位超过当地警戒潮位，其中南渡站和秀英站分别超过当地警戒潮位 53cm 和 52cm。广东省受灾人口 77.92 万人，房屋损毁 602 间；水产养殖受损 17.40 千 hm²，网箱损坏 30811 个；防波堤损毁 2.15km；船只损毁 303 艘。因灾直接经济损失 12.63 亿元。海南省水产养殖受损 1.57 千 hm²，网箱损坏 17624 个；防波堤损毁 3.03km，道路损毁 0.73km；船只损毁 1181 艘。因灾直接经济损失 17.28 亿元。海南省海口市东海岸部分防风林遭受风暴潮袭击，大片的木麻黄被连根拔起，其中桂林洋农场长 6.8km 的防护林带中有 6km 受损，海水内侵约 20m。海口市东营镇、演丰镇和文昌市翁田镇等村庄所处地势较低，部分养殖池塘和渔船受损。广西壮族自治区水产养殖受损 4.44 千 hm²，防波堤损毁 22.75km，护岸损坏 49 个，因灾直接经济损失 1.15 亿元。

4. 1319 "天兔" 台风风暴潮灾害

2013 年 9 月 22 日 19 时 40 分前后，台风 "天兔" 在广东省汕尾市附近沿海登陆，受风暴潮和近岸浪的共同影响，福建和广东两省因灾直接经济损失合计 64.93 亿元。沿海最大风暴增水 201cm，发生在广东省海门站。增水超过 100cm 的还有福建省东山站（103cm）和厦门站（102cm），广东省遮浪站（163cm）、汕头站（160cm）、汕尾站（150cm）、惠州站（137cm）和南澳站（125cm）。福建省东山站最高潮位超过当地红色警戒潮位 14cm（图 3.2）；广东省汕尾站和盐田站最高潮位分别超过当地警戒潮位 39cm 和 10cm。

图 3.2　受 1319 "天兔"台风风暴潮影响福建省漳州市东山县宫前渔港防波堤损毁

5. 1409 "威马逊"台风风暴潮灾害

超强台风"威马逊"是 1949 年以来登陆我国的最强台风。2014 年 7 月 18 日 15 时 30 分在海南省文昌市翁田镇沿海登陆，登陆时中心气压 91kPa，最大风速 60m/s，18 日 19 时 30 分在广东省湛江市徐闻县龙塘镇沿海再次登陆，19 日 07 时 10 分在广西防城港市光坡镇沿海第三次登陆。受风暴潮和近岸浪的共同影响，广东、广西和海南三地因灾直接经济损失合计 80.80 亿元。沿海风暴潮最大风暴增水 392cm，发生在广东省南渡站。广东省南渡站和湛江站最高潮位分别超过当地警戒潮位 49cm 和 8cm。海南省秀英站最高潮位超过当地警戒潮位 53cm。

6. 1415 "海鸥"台风风暴潮灾害

2014 年 9 月 16 日 09 时 40 分台风"海鸥"在海南省文昌市翁田镇沿海登陆，12 时 45 分"海鸥"在广东湛江市徐闻县南部沿海地区再次登陆。受风暴潮和近岸浪的共同影响，广东、广西和海南三地因灾直接经济损失合计 42.75 亿元。沿海最大风暴增水 495cm，发生在广东省南渡站。增水超过 200cm 的还有广东省湛江站（433cm）、硇洲站（388cm）、水东站（298cm）、北津站（238cm）、闸坡站（222cm）。广东省盐田站、黄埔站、三灶站、北津站、湛江站、南渡站 6 个潮（水）位站的最高潮位超过当地警戒潮位，其中，南渡站最高潮位超过当地警戒潮位 159cm。海南省秀英站出现了破历史纪录的高潮位，超过当地警戒潮位 147cm。

六、风暴潮预警级别

风暴潮预警级别分为 Ⅰ、Ⅱ、Ⅲ、Ⅳ 四级警报，颜色依次为红色、橙色、黄色和蓝色，分别表示特别严重、严重、较重、一般。

1. 风暴潮 Ⅰ 级紧急警报（红色）

受热带气旋（包括台风、强热带风暴、热带风暴、热带低压，下同）影响，或受温带天气系统影响，预计未来沿岸受影响区域内有一个或一个以上有代表性的验潮站将出现达到或超过当地警戒潮位 80cm 以上的高潮位时，至少提前 6h 发布风暴潮紧急警报。

2. 风暴潮Ⅱ级紧急警报（橙色）

受热带气旋影响，或受温带天气系统影响，预计未来沿岸受影响区域内有一个或一个以上有代表性的验潮站将出现达到或超过当地警戒潮位 30cm 以上 80cm 以下的高潮位时，至少提前 6h 发布风暴潮Ⅱ级紧急警报。

3. 风暴潮Ⅲ级警报（黄色）

受热带气旋影响或受温带天气系统影响，预计未来沿岸受影响区域内有一个或一个以上有代表性的验潮站将出现达到或超过当地警戒潮位 30cm 以内的高潮位时，前者至少提前 12h 发布风暴潮警报，后者至少提前 6h 发布风暴潮警报。

4. 风暴潮Ⅳ级预报（蓝色）

受热带气旋或受温带天气系统影响，预计在预报时效内，沿岸受影响区域内有一个或一个以上有代表性的验潮站将出现低于当地警戒潮位 30cm 的高潮位时，发布风暴潮预报。

另外，预计未来 24h 内热带气旋将登陆我国沿海地区，或在离岸 100km 以内（指热带气旋中心位置），即使受影响区域内有代表性的验潮的高潮位低于蓝色警戒潮位，也应发布风暴潮蓝色警报。

第三节　灾　害　性　海　浪

一、灾害性海浪的概念

海浪是海面的波动现象，通常指由风产生的海面波动，其周期为 0.5～25s，波长为几十厘米至几百米，一般波高为几厘米至 20m，在罕见的情况下波高可达 30m 以上。

海浪包括风浪、涌浪和近岸浪 3 种。平常所说的"无风不起浪"，是指在风的直接作用下形成的海面波动，称为风浪，风浪大时波峰附近有浪花和大片泡沫，波峰线短。"无风三尺浪"则是指在风停以后或风速、风向突变后海面保存下来的波浪和传出风区的波浪，称为涌浪。涌浪具有较规则的外形，排列整齐，波面较平滑，波峰线长，一般涌浪周期较风浪长。涌浪周期越长，传播就越快、越远，由于长周期的涌浪传播速度比台风、温带气旋等天气系统移动快，因此涌浪往往能成为一种预警信号。近岸浪则是指外海的风浪或涌浪传到海岸附近，受地形和水深作用而改变波动性质的海浪。当波浪传到浅水区或近岸区域后，由于受地形和海底摩擦阻力的影响，波浪将发生一系列的变化。深度变浅的结果，不仅波长缩短，波速也变小，使波向线（波浪传播方向）发生转折，出现折射现象。由于能量集中于更小的水体中，波高将增大，波面变陡，再加上受海底摩擦阻力的影响，波峰处传播速度比波谷快，使波浪的前坡陡于后坡，波峰赶上波谷，导致波峰前倾，甚至倒卷和破碎，形成破碎浪。在陡立的海岸将形成拍岸浪。

按照诱发海浪的大气扰动特征分类，由热带气旋引起的海浪称为台风浪；由温带气旋引起的海浪称为气旋浪；由冷空气引起的海浪称为冷空气浪。

广义上的海浪，还包括天体引力、海底地震、火山爆发、塌陷滑坡、大气压力变化和海水密度分布不均等外力和内力作用下，形成的海啸、风暴潮和海洋内波等。它们都会引起海水的巨大波动，这是真正意义上的海上无风也起浪。海浪是海面起伏形状的传播，是水质点离开平衡位置，做周期性振动，并按一定方向传播而形成的一种波动，水质点的振动能形成动能，海浪起伏能产生势能，这两种能的累计数量是惊人的。

不同强度的海浪对人类威胁程度不同。由强烈大气扰动，如热带气旋（台风、飓风）、温带气旋和强冷空气大风等引起的海浪，在海上常能掀翻船只，破坏海上工程和海岸工程，给海上航行、海上施工、海上军事行动、渔业捕捞、滨海养殖等造成危害，将其称为灾害性海浪。但实际上，很难规定什么样的海浪属于灾害性海浪。对于抗风抗浪能力极差的小型渔船、小型游艇等，波高2～3m的海浪就可构成威胁。而这样的海浪对于千吨以上的海轮则不会有危险。结合我国的实际情况，在近岸海域活动的多数船舶对于波高3m以上的海浪已感到有相当大的危险。对于适合近、中海活动的船舶，波高大于6m甚至波高为4～5m的巨浪也已构成威胁。而对于在大洋航行的巨轮，则只有波高7～8m的狂浪和波高超过9m的狂涛才是危险的。所以，通常灾害性海浪是指海上波高达4m以上的海浪。而波高6m以上的海浪对航行在海洋上的绝大多数船只已构成威胁。

二、海浪强度等级

标志海浪强度的要素主要有波高、波周期、波长、波速。在国际上采用波级表示海浪强度。目前波级种类不尽一致，常用的波级表除国际通用波级表外，还有蒲福波级表、道氏波级表、美制波级表。我国于1986年7月1日起采用国际通用波级表划分波浪等级，见表3.1。按照波级表标准，灾害性海浪属于6～9波级的巨浪、狂浪、狂涛、怒涛。我国灾害性海浪主要分布在南海、东海，其次分布在黄海和台湾海峡。

表3.1　　　　　　　　　　　　国际通用波级表

浪级	波高区间/m	波高中值/m	风浪名称	涌浪名称	蒲福风级
0	—	—	无浪	无涌	<1
1	<0.1	—	微浪	小涌	1～2
2	0.1～0.4	0.3	小浪	中涌	3～4
3	0.5～1.2	0.8	轻浪	中涌	4～5
4	1.3～2.4	2.0	中浪	中涌	5～6
5	2.5～3.9	3.0	大浪	大涌	6～7
6	4.0～5.9	5.0	巨浪	大涌	8～9
7	6.0～8.9	7.5	狂浪	巨涌	10～11
8	9.0～13.9	11.5	狂涛	巨涌	12
9	>14.0	—	怒涛	巨涌	>12

风浪的大小不仅取决于风速（风力大小），而且还与风作用的时间（风时）、风作用的海区范围（风区）以及海区的形态特征相关，是各影响因素综合作用的结果。一般风力越大，风区越宽广，风时越长，水深越深，风浪就越大。一般地讲，中、高纬海区多风浪。最大风浪带发生在南半球的西风带，因为这里西风强劲而稳定，三大洋又连成一片，故有"咆哮四十"之称。

三、我国海浪灾害分布

（一）近年我国沿海波高超过 4m 的灾害性海浪情况

中国海位于欧亚大陆东南岸，并与太平洋相通，冬季受从西伯利亚、蒙古等地南下的寒潮、冷空气影响，春秋季受温带气旋影响，夏季受台风影响。因此，我国是世界上海浪灾害最频发的地区之一。

1. 2009 年我国海浪灾害情况

2009 年我国近海海域共发生灾害性海浪过程 32 次，其中台风浪 12 次，冷空气浪和气旋浪 20 次。海浪灾害造成直接经济损失 8.03 亿元，死亡（含失踪）38 人。

海浪灾害造成的直接经济损失多于 2008 年，死亡（含失踪）人数少于 2008 年。受台风浪的影响，台湾海峡及南海沿岸海域遭受的直接经济损失较大，占全部损失的 70％以上。沿海各省、直辖市海浪灾害损失见表 3.2。

表 3.2　　　2009 年沿海各省、直辖市海浪灾害损失统计（来源：国家海洋局）

省、直辖市	死亡（含失踪）人数	海水养殖受损面积/千 hm²	海岸工程受损长度/km	船只沉损/艘	直接经济损失/万元
辽宁省	0	1.2	10.45	0	18000
江苏省	8	2.6	0	10	1572.20
上海市	4	0	0	7	256
浙江省	16	0	0	7	291.1
福建省	1	12.68	4.09	256	33600
广东省	2	0	12.6	3	10163
海南省	7	0	0	54	16448
合计	38	16.48	27.14	337	80330.30

0903 号热带风暴"莲花"于 2009 年 6 月 18 日 14 时在南海生成，台湾海峡 21 日 13 时至 22 日 11 时出现了 4.0～6.0m 的巨浪和狂浪；东海南部出现了 4.0～5.5m 的巨浪。福建省崇武站 22 日 11 时观测到 3.5m 的大浪，广东省东部、福建省和浙江省南部沿海多个海洋站观测到 2.0～2.5m 的中到大浪。受其影响，福建沿海海域共损失各类渔船 256 艘，死亡 1 人，海水养殖损失 12680hm²，防波堤损毁 1.76km，护岸损毁 2.18km。因灾造成直接经济损失 3.36 亿元。

2. 2010 年我国海浪灾害情况

2010 年我国近海海域共发生灾害性海浪过程 35 次，其中台风浪 12 次，冷空气浪和气旋浪 23 次。海浪灾害造成直接经济损失 1.73 亿元，死亡（含失踪）132 人。

2010 年海浪灾害主要发生在海南省，直接经济损失为 1.27 亿元，约占全部直接经济损失的 73％；海浪灾害造成人员死亡（含失踪）最多的省份为江苏省，共计 53 人。沿海各省海浪灾害损失见表 3.3。

表 3.3　　　　　　　2010 年沿海各省海浪灾害损失统计（来源：国家海洋局）

省	死亡（含失踪）人数	海水养殖受损面积 /千 hm²	海岸工程受损长度 /km	船只沉损 /艘	直接经济损失 /万元
河北省	7	无	无	1	775
山东省	0	0.008	0.04	0	200
江苏省	53	无	无	13	1186
浙江省	39	无	无	18	1902
广东省	16	无	无	6	540.50
海南省	17	无	2.10	327	12676
合计	132	0.008	2.14	365	17279.50

3. 2011 年我国海浪灾害情况

2011 年我国近海海域共发生灾害性海浪过程 37 次，其中台风浪 14 次，冷空气浪和气旋浪 23 次。海浪灾害造成直接经济损失 4.42 亿元，死亡（含失踪）68 人。

2011 年海浪灾害直接经济损失主要发生在浙江省，为 3.99 亿元，约占全部直接经济损失的 90.3%；海浪灾害造成人员死亡（含失踪）最多的省份浙江、福建、广东，分别为 14 人、14 人和 13 人。沿海各省海浪灾害损失见表 3.4。

表 3.4　　　　　　　2011 年沿海各省海浪灾害损失统计（来源：国家海洋局）

省、直辖市	死亡（含失踪）人数	海水养殖受损面积 /千 hm²	海岸工程受损长度 /km	船只沉损 /艘	直接经济损失 /万元
河北省	7	0.001	0	1	246
山东省	0	0	0.01	0	361
上海市	11	0	0	9	1815
浙江省	14	1.84	0	6	39878
福建省	14	0	0	10	765
广东省	13	0	0	3	188
海南省	9	0	0.06	18	913
合计	68	1.841	0.07	47	44166

4. 2012 年我国海浪灾害情况

2012 年，我国近海共发生灾害性海浪过程 41 次，其中台风浪 18 次，冷空气浪和气旋浪 23 次。因灾直接经济损失 6.96 亿元，死亡（含失踪）59 人。

2012 年，海浪灾害造成的直接经济损失偏重，为前 5 年平均值（3.18 亿元）的 2.19 倍；死亡（含失踪）人数比前 5 年平均值（95 人）有所下降。海浪灾害直接经济损失主要发生在辽宁省和山东省，分别为 4.48 亿元和 1.49 亿元，占海浪灾害全部直接经济损失的 86%。2012 年沿海各省海浪灾害损失统计见表 3.5。

表 3.5 2012 年沿海各省海浪灾害损失统计

省	死亡（含失踪）人数	海水养殖受损面积/千 hm²	海岸工程受损长度/km	船只沉损/艘	直接经济损失/万元
辽宁省	0	—	2.61	163	44753.5
山东省	0	0.54	—	531	14900.0
江苏省	0	0	0	86	932.0
浙江省	13	0	0	8	562.5
福建省	11	0	0	2	105.0
广东省	12	0	0	2	81.6
海南省	23	1.75	0.46	23	81.6
合计	59	2.29	3.07	815	69616.4

5. 2013 年我国海浪灾害情况

2013 年，我国近海共出现 43 次有效波高 4m 以上的灾害性海浪过程，其中台风浪 20 次，冷空气浪和气旋浪 23 次。因灾直接经济损失 6.30 亿元，死亡（含失踪）121 人。

2013 年，海浪灾害造成的直接经济损失偏重，为近 5 年平均值（5.49 亿元）的 1.15 倍；死亡（含失踪）人数为近 5 年平均值（84 人）的 1.44 倍。海浪灾害直接经济损失最重的是海南省，为 5.89 亿元，占海浪灾害全部直接经济损失的 93%。2013 年沿海各省海浪灾害损失统计见表 3.6。

表 3.6 2013 年沿海各省海浪灾害损失统计

省	死亡（含失踪）人数	海水养殖受损面积/千 hm²	海岸工程受损长度/km	船只沉损/艘	直接经济损失/万元
江苏省	10	0.66	0	2	1225.0
浙江省	20	0	0	7	631.0
福建省	13	0	0	9	230.0
广东省	65	0	0	9	2031.0
海南省	13	413.78	2.11	598	58888.5
合计	121	414.44	2.11	625	63005.5

2013 年 9 月 28—30 日，受第 21 号强台风"蝴蝶"影响，中沙群岛、西沙群岛、海南岛以南海域出现了 6～9m 的狂浪到狂涛，受其影响，广东、海南两省 4 艘渔船沉没，死亡（含失踪）63 人，直接经济损失合计 0.66 亿元。

2013 年 11 月 9—11 日，受第 30 号超强台风"海燕"和冷空气的共同影响，我国南海海域出现了 6～9m 的狂浪到狂涛，受其影响，海南省毁坏渔船 152 艘，损坏渔船 326 艘，死亡（含失踪）2 人，直接经济损失 4.60 亿元。

（二）我国沿海波高超过 4m 的灾害性海浪分布

从中国近海和邻近海城的海浪空间分布特征来看，各海域之间有着明显的差异。

1. 渤海灾害性海浪分布

渤海是我国的浅水内海,平均水深 26m,风区较短,灾害性海浪出现的频率较低,平均每年出现灾害性海浪约 9d,主要是寒潮、温带气旋引起的,出现时间在当年 10 月到次年 4 月。灾害性海浪出现频率最高的月份是 11 月,约 2.1d;最低的月份是 6、7 月,约 0.1d。灾害海浪出现天数多的年份可达 25d(如 2003 年),而少的年份仅 1d(如 1988 年)。至于渤海海峡,因水较深,且当吹偏东风或偏西风时,有足够长的风区,加上狭管效应,风浪易于成长,曾出现过 13.6m 的最大浪高。

2. 黄海灾害性海浪分布

黄海的灾害性海浪次数较多,平均每年出现 34d,以寒潮、温带气旋引起的灾害性海浪为主,出现时间在当年 10 月到次年 3 月。出现频率最高的月份为 1 月,约 5.4d;最低的月份为 5 月,约 0.7d。灾害性海浪出现天数多的年份可以达到 72d(如 1980 年),而最少的年份仅 8d(1995 年)。

3. 东海灾害性海浪分布

东海的灾害性海浪次数更多,平均每年出现 80d,出现频率最高的月份是 12 月,约 11d,最低的月份是 5 月,约 1.3d。灾害性海浪出现天数多的年份可以达到 116d(如 2000 年),而最少的年份仅 51d(1995 年)。

4. 台湾海峡灾害性海浪分布

台湾海峡的灾害性海浪平均每年出现 64d,出现时间在当年 10 月到次年 2 月。出现频率最高的月份为 12 月,约 12.4d;最低的月份为 5 月,约 0.4d。灾害性海浪出现天数最多的年份可以达到 106d(如 2005 年),而最少的年份仅 33d(2002 年)。

5. 南海灾害性海浪分布

南海面积广阔,水深浪大,也具有大洋海浪的特征。南海也是中国近海灾害性海浪出现频率最高的海区,平均每年出现 95d。出现频率最高的月份为 12 月,约 16.5d;最低的月份为 4 月,约 1.7d。灾害性海浪出现天数最多的年份可以达到 125d(如 1989 年),而最少的年份也有 58d(2002 年)。该海区也是受台风浪影响严重的海区之一。

四、海浪灾害警报发布标准

1. 海浪灾害蓝色警报

受热带气旋或温带天气系统影响,预计未来 24h 受影响近岸海域出现 2.5~3.5m(不含)有效波高时,应发布海浪蓝色警报。

2. 海浪灾害黄色警报

受热带气旋或温带天气系统影响,预计未来 24h 受影响近岸海域出现 3.5~4.5m(不含)有效波高,或者近海预报海域出现 6.0~9.0m(不含)有效波高时,应发布海浪黄色警报。

3. 海浪灾害橙色警报

受热带气旋或温带天气系统影响,预计未来 24h 受影响近岸海域出现 4.5~6.0m(不含)有效波高,或者近海预报海域出现 9.0~14.0m(不含)有效波时,应发布海浪橙色警报。

4. 海浪灾害红色警报

受热带气旋或温带天气系统影响，预计未来 24h 受影响近岸海域出现达到或超过 6.0m 有效波高，或者近海预报海域出现达到或超过 14.0m 有效波高时，应发布海浪红色警报。

第四节 海 啸 灾 害

一、海啸的概念

海啸是指海底地震、火山爆发和海底滑坡、塌陷所产生的具有超大波长和周期的海洋巨浪，能造成近岸海面大幅度涨落。水下核爆炸可以形成人造海啸。海啸的波速高达 700～800km/h，在几小时内就能横过大洋；波长可达数百千米，可以传播几千千米而能量损失很小；在茫茫的大洋里波高不足 1m，不会造成灾害，但当到达海岸浅水地带时，波速减小、波长减短而波高急剧增加，可达数十米，形成含有巨大能量的"水墙"，瞬时侵入滨海陆地，吞噬近岸良田和城镇村庄，造成危害，生命财产遭受毁灭性灾难。海啸的英文词"Tsunami"来自日文，是港湾中的波的意思。

大部分海啸都产生于深海地震。深海发生地震时，海底发生激烈的上下方向的位移，某些部位出现猛然的上升或者下沉，产生了其上方的海水巨大波动，原生的海啸于是就产生了。地震后几分钟后，原生的海啸分裂成为两个波，一个向深海传播，一个向附近的海岸传播。向海岸传播的海啸，受到岸边的海底地形等影响，在岸边与海底发生相互作用，速度减慢，波长变小，振幅变得很大（可达几十米），在岸边造成很大的破坏。

海啸与一般的海浪不同，海浪一般在海面附近起伏，涉及的深度不大，而深海地震引起的海啸则是从深海海底到海面的整个水体的波动，其中包含的能量惊人。

二、地震海啸产生的条件

海啸是一种具有强大破坏力、灾难性的海浪，通常由震源在海底下 50km 以内、里氏震级 6.5 级以上的海底地震引起。海啸的产生需要满足 3 个条件，即深海、大地震和开阔并逐渐变浅的海岸条件。

1. 深海

地震释放的能量要变为巨大水体的波动能量，地震必须发生在深海，只有在深海海底上面才有巨大的水体。浅海地震产生不了海啸。尤其是横跨大洋的大海啸，发生海底地震的海区水深一般都在 1000m 以上。

2. 大地震

海啸的浪高是海啸的最重要特征。经常用在海岸上观测到的海啸浪高的对数作为海啸大小的度量，叫做海啸的等级（magnitude）。如果用 H（单位为 m）代表海啸的浪高，则海啸的等级 m 为

$$m = \log_2 H \tag{3.1}$$

各种不同震级的地震产生的海啸高度见表 3.7。

表 3.7 地震震级、海啸等级和海啸浪高的关系

地震震级	6	6.5	7	7.5	8	8.5	8.75
海啸等级	−2	−1	0	1	2	4	5
最大浪高	<0.3	0.5~0.7	1.0~1.5	2~3	4~6	16~24	>24

由表 3.7 可知，只有 7 级以上的大地震才能产生海啸灾害，小地震产生的海啸形不成灾害。太平洋海啸预警中心发布海啸警报的必要条件：海底地震的震源深度小于 60km，同时地震的震级大于 7.8 级。值得注意的是，并不是所有的深海大地震都产生海啸，只有那些海底发生激烈的上下方向位移的地震才产生海啸。

3. 开阔并逐渐变浅的海岸条件

尽管海啸是由海底的地震和火山喷发引起的。但海啸的大小并不完全由地震和火山的大小决定。海啸的大小是由多个因素决定的，如产生海啸的地震和火山的大小、传播的距离、海岸线的形状和岸边的海底地形等。海啸要在陆地海岸带造成灾害，该海岸必须开阔，具备逐渐变浅的条件。

海啸的产生是一个比较复杂的问题，具备了上述 3 个条件但只有一部分地震（占海底地震总数的 20%～25%）能产生海啸，多数人认为只有伴随有海底强烈垂直运动的地震才能产生海啸。

三、海啸的类型

海啸通常按成因可分为三类，即地震海啸、火山海啸、滑坡海啸。地震海啸是海底发生地震时，海底地形急剧升降变动引起海水强烈扰动。其机制有两种形式，即"下降型"海啸和"隆起型"海啸。相对于受灾现场来讲，海啸可分为近海海啸和远洋海啸两类。

1. 近海海啸（本地海啸）

海底地震发生在离海岸几十千米或一二百千米以内，海啸波到达沿岸的时间很短，只有几分钟或几十分钟，海啸预警时间很短或根本无预警时间，因而往往造成极为严重的灾害。如 1755 年里斯本地震海啸。

2. 远洋海啸

远洋海啸是指从远洋甚至横跨大洋传播过来的海啸，又称遥海啸。海啸波属于海洋长波，波长可达几百千米，周期为几个小时，这种长波在传播过程中能量衰减很少，能够传播几千千米以外并造成巨大危害。但由于海啸波到达沿岸的时间较长，有几小时或十几小时，早期海啸预警系统能够有效减轻远洋海啸灾害。例如，2004 年底发生在印度尼西亚的大海啸就波及几千千米以外的斯里兰卡，1960 年智利海啸也曾使数千千米之外的夏威夷、日本都遭受到严重灾害。

上述分类是相对的。例如，2004 年 12 月 26 日，印度尼西亚苏门答腊附近海域里氏 9 级地震，引发巨大海啸。对于印度尼西亚本身是本地海啸，但对于其他国家和地区则是远洋海啸。

四、海啸的特点

1. 海啸波波长非常长

海啸最大的特点是具有超长波长，其波长一般为几十至几百千米，周期为 2～200min，

最常见的是 2～40min，可以传播几千千米而能量损失很小。在茫茫的大洋里波高不足 1m，这种波陡（波高与波长之比）极小的洋波不会被正在航行的船只所感觉到和观测到。因此，海啸不会在深海大洋上造成灾害。

2. 能量大

地震使海底发生激烈的上下方向的位移，某些部位出现猛然的上升或者下沉，使其上方的巨大海水水体产生波动，原生的海啸于是就产生了。可以用该水体势能的变化来估计海啸的能量。海啸的能量相当于地震波能量的 10％ 左右。海啸的能量是巨大的。2004 年印度洋海啸产生的能量大约相当于 3 座 100 万 kW 的发电厂一年发电的能量。

3. 传播速度快

海啸波的传播速度与海区水深有关，由式（3.2）确定，即

$$v = \sqrt{gH} \tag{3.2}$$

式中：v 为海啸波速度；g 为重力加速度；H 为海区水深。

太平洋平均水深 5500m，如取 H 为 5000m，则 $v=232$m/s，即约 835km/h，相当于跨洋喷气飞机的速度。如果以近岸 H 为 100m，则 $v=31.3$m/s，即约 112.7km/h，相当于高速公路汽车的速度。可见，波长极长、速度极快的海啸波，一旦从深海到达岸边，由于深度急剧变浅，前进受到了阻挡，波高骤增，可达 20～30m，其全部的巨大能量将变为巨大的破坏力量，摧毁一切可以摧毁的东西，造成巨大的灾难。

4. 海啸与海浪和风暴潮的不同

（1）成因不同。风暴潮是由海面大气运动引起的，而海啸是海底升降运动造成的，前者主要是海水表面的运动，而后者是海水的整体运动。

（2）波长不同。海啸的波长长达几百千米，而风暴潮的波长不到 1km。与海水的平均深度相比，海啸波长要大得多，水深数千米的海洋，对于波长几百千米的海啸，犹如一池浅水，所以海啸波是一种"浅水波"。而风暴潮波长比海水的深度小得多，所以是一种"深水波"。

（3）传播速度不同。海啸传播速度快，可达 700～900km/h，而水面波传播速度较慢，风暴潮要快一点，但最快的台风速度也只有 200km/h 左右，比起海啸还是要慢许多。

（4）激发的难易程度不同。海浪或风暴潮很容易被风或风暴所激发，而海啸是由海底地震产生的，只有少数的大地震在极其特殊的条件下才能激发起灾难性的大海啸。

五、海啸灾害

（一）全球历史上重大海啸事件

地球上 2/3 的面积是海洋，海洋中最大的是太平洋，它几乎占地球面积的 1/3。太平洋的周围是地球上构造运动最活跃的地带，有大量的地震、火山，因此，太平洋是最容易发生海啸的地方，人们对海啸的研究，对海啸灾害的预警系统都集中在太平洋。

在人类的灾害史上，海啸从来就是一种巨大的自然灾害（表 3.8）。海啸携带着巨大的能量，以极大速度冲向陆地的几米甚至几十米的巨浪，它在滨海区域的表现形式是海面陡涨，骤然形成"水墙"，伴随着隆隆巨响，瞬时侵入滨海陆地，吞没良田和城镇村庄，然后海水又骤然退去，或先退后涨，有时反复多次，有极其巨大的破坏力。1946 年，

3700km 外的阿拉斯加的阿留申群岛发生地震，海啸传到夏威夷，破坏极大，159 人死亡。历史记载破坏最大的海啸发生在 1755 年，葡萄牙近海发生大地震，5m 浪高的海啸席卷里斯本，250000 居民中，死亡 60000。这次海啸 4h 后又袭击了印度的西海岸，由此可以看出其破坏威力的巨大。

表 3.8　　　　　　　　　　　　　历史上破坏巨大的海啸

日　期	发源地	浪高/m	产生原因	备　注
1755 年 11 月 1 日	大西洋东部	5～10	地震	摧毁里斯本，死亡 60000 人
1868 年 8 月 13 日	秘鲁—智利	>10	地震	破坏夏威夷、新西兰
1883 年 8 月 27 日	印度尼西亚 Krakatau	40	海底火山喷发	30000 人死亡
1896 年 6 月 15 日	日本本州	24	地震	26000 人死亡
1933 年 3 月 2 日	日本本州	>20	地震	3000 人死亡
1946 年 4 月 1 日	阿留申群岛	>10	地震	159 人死亡，损失 2500 万美元
1960 年 5 月 13 日	智利	>10	地震	智利：909 人死亡，834 人失踪；日本：120 人死亡；夏威夷：61 人死亡
1964 年 3 月 28 日	美国阿拉斯加	6	地震	阿拉斯加州：死亡 119 人，损失 1 亿美元
1992 年 9 月 2 日	尼加拉瓜	10	地震	170 人死亡，500 人受伤，13000 人无家可归
1992 年 12 月 2 日	印度尼西亚	26	地震	137 人死亡
1993 年 7 月 12 日	日本	11	地震	200 人死亡
1998 年 7 月 17 日	巴布亚新几内亚	12	海底大滑坡	3000 人死亡
2004 年 12 月 26 日	印度尼西亚	>10	地震	283000 人死亡
2011 年 3 月 11 日	日本	>10	地震	根据日本警察厅的数据，东日本大地震已造成 15985 人遇难，2539 人下落不明

1. 1755 年里斯本地震海啸灾害

1755 年里斯本大地震（又名里斯本大地震）发生于 1755 年 11 月 1 日早上 9 时 40 分。这是人类史上破坏性最大和死伤人数最多的地震之一，死亡人数高达 6 万～10 万人。大地震及随之而来的火灾和海啸（图 3.3），使里斯本 85% 的建筑物被毁，当中包括一些著名景点、教堂、图书馆和很多 16 世纪葡萄牙的特色建筑物，如刚建成的凤凰歌剧院（Phoenix Opera）、利庇喇宫（Paço da Ribeira）、里斯本大教堂（Sé de Lisboa）和嘉模修院（Convento do Carmo）等，即使在地震中没有即时倒塌的建筑物最终也挨不过火灾而被摧毁。

现在的地质学家估计这次地震的规模达到里氏震级 8.4～8.7 级之间，震中位于圣维森特角之西南偏西方约 200km 的大西洋中，它是由于非洲板块和欧亚板块的相互碰撞产生的。它造成的影响首次被大范围地进行科学化研究，标志着现代地震学的诞生。这次事

图 3.3　1755 年 11 月 1 日里斯本大地震海啸袭击了北塔古斯河岸

件也被启蒙运动的哲学家广泛讨论，启发了神义论和崇高哲学的发展。

2. 1883 年印度尼西亚地震海啸灾害

1883 年 8 月 26—27 日，喀拉喀托火山大爆发，将 20km³ 的岩浆喷到苏门答腊和爪哇之间的巽他海峡，当火山喷发到最高潮时，岩浆喷口倒塌，引发了一次大海啸，海浪高达40 余 m，造成 3.6 万人遇难。

3. 1908 年意大利地震海啸灾害

1908 年 12 月 28 日，意大利墨西拿发生 7.1 级地震。它摧毁了墨西拿 91% 的建筑物，造成 75000 人死亡。它被认为是欧洲最具破坏性的地震。

地震之后发生了巨大的海啸，双重灾难几乎摧毁了墨西拿和附近的城市。估计海啸波浪高 13m，撞在西西里北部和卡拉布里亚南部的海岸。海啸发生后，港口充满了船只残骸和被淹死的人畜尸体。

4. 1960 年智利大地震及海啸

1960 年 5 月 21 日至 6 月 22 日一个月的时间里，在智利发生了人类科学观测史上记录到震级最大的震群型地震，在南北 1400km 长的狭窄地带，连续发生了数百次地震，其中超过 8 级的 3 次，超过 7 级的 10 次，最大主震为 9.5 级（矩震级 MW）或 8.5（面波震级 MS），为世界地震史所罕见。这次地震导致数万人死亡和失踪，200 万人无家可归，并引发了世界上影响范围最大、也是最严重的一次地震海啸。地震期间，6 座死火山重新喷发，3 座新火山出现。

5. 1998 年巴布亚新几内亚地震海啸灾害

1998 年 7 月 17 日，南太平洋岛国巴布亚新几内亚发生里氏 7.1 级地震并引发海啸，造成 1000 余人死亡，2000 余人失踪，6000 多人无家可归。

6. 2004 年印度尼西亚地震海啸灾害

2004 年 12 月 26 日 08 时 58 分，印度尼西亚苏门答腊岛附近海域发生里氏 9.0 级深海大地震，震源深度 28.6km，震中坐标北纬 3.9，东经 95.9，震中处水深 1500m 以上，震中为无人居住的海洋，故地震本身造成的死亡人数不多。但地震产生的海啸，袭击了几百、几千千米外的不设防的海岸带，人口密集，故灾害严重。这次印度洋地震引发的海啸波及东南亚和南亚诸多国家和几个非洲国家，在印度尼西亚、斯里兰卡、印度、泰国、马尔代夫、马来西亚、孟加拉国、缅甸等国造成了巨大的人员伤亡，死亡人数超过28.3万人，这是南亚40年来最大的灾难。海啸灾难之后，灾区又面临痢疾、瘟疫等流行病，救治伤员，解决吃住，家园重建等重大问题，如果没有处理好，死亡人数比海啸本身造成的还要多。

这次印度尼西亚苏门答腊附近海域9级地震，是近50年来全世界发生的特大地震，是印度洋地区历史上发生的震级最大的地震，而且符合深海、大地震、断层上下错动等产生海啸的条件，因此产生了巨大的海啸。

7. 2011年日本地震海啸灾害

2011年3月11日14：46（北京时间13：46）在日本东北部太平洋海域（日本称此处为"三陆冲"）发生了日本有地震记录以来最强烈的地震，地震的矩震级MW达到9.0级（美国地质调查局数据为MW9.1），震中位于北纬38.1°，东经142.6°，震源深度约10km，属浅源地震。此次地震引发的巨大海啸（图3.4）对日本东北部岩手县、宫城县、福岛县等地造成毁灭性破坏，并引发福岛第一核电站核泄漏。海啸造成日本死亡1.5万多人，数千人失踪。

图3.4 2011年3月11日日本强烈地震引发的海啸袭击一处居民区

（二）中国的海啸灾害

海啸是太平洋及地中海沿岸许多国家滨海地区最猛烈的海洋自然灾害之一。实际上，全球海洋都有海啸发生，只是其他地区危害相对较轻或频发程度不高。日本是发生海啸极多的国家，称海啸为"津波"，意思是涌入海湾或海港的破坏性巨浪。我国历史文献中关于海啸的记载，可以追溯到2000多年前的西汉年间，即发生于渤海莱州湾的海啸。以后的海啸记载表明，我国沿海从北到南均有海啸发生，但我国尤其是大陆沿海，并不是海啸灾害非常严重的地区。

中国的近海，渤海平均深度为20m，黄海40m，东海340m，它们的深度都不大，只有南海平均深度为1200m。因此，大部分海域地震产生地震海啸的可能性比较小，只是在南海和东海的个别地方发生特大地震才有可能产生海啸。

亚洲东部有一系列的岛弧，从北往南有堪察加半岛、千岛群岛、日本列岛、琉球群岛，直到菲律宾。这一系列的天然岛弧屏蔽了中国的大部分海岸线。另外，中国的海域大部是浅水大陆架地带，向外延伸远，海底地形平缓而开阔。因此，中国受太平洋方向来的海啸袭击的可能性不大。1960年，智利发生9.5级大地震，产生地震海啸，对菲律宾、日本等地造成巨大的灾害，但传到中国的东海，在上海附近的吴淞验潮站，浪高只有15～20cm，没有造成灾害。2004年印度尼西亚地震海啸，海南岛的三亚验潮站记录的海啸浪高只有8cm。

海啸是向外传播的，因此，知道了海中发生地震的地点，或知道了某处实际测得海啸的发生，则可以利用海啸需要传播时间，及时向其他地方发出海啸警报。例如，智利附近地震产生的海啸向外传播，海啸传到夏威夷需要12h，传到日本则需要22h。

建立海啸预警系统的科学依据有两个：一是地震波比海啸波速度快，地震波大约每小时传播30000km，海啸波每小时几百公里；二是海啸波在海洋中传播时，其波长很长，会引起海水水面大面积升高，通过在大洋中建立的一系列观测海面的验潮站，就能知道海啸发生情况。

值得指出的是，海啸的产生是一个复杂的问题，有的地震会造成海啸，而大部分海洋中的地震不产生海啸，因此，经常发生虚报的情况。例如，1948年檀香山收到了警报，采取了紧急行动，全部居民撤离了沿岸，结果根本没有海啸发生，为紧急行动付出了3000万美元的代价。前几年，在海啸警报中，虚报的比例大约有75%。近几年，随着历史资料的深入分析和数值模拟技术的发展，虚报比例有所下降。

第五节　ENSO（厄尔尼诺与南方涛动）

一、厄尔尼诺和拉尼娜名称的由来

1. 厄尔尼诺（El Niño）

厄尔尼诺源于西班牙语"El Niño"，意为"圣婴（the boy or the Christ child）"或"耶稣之子"。厄尔尼诺一词起源于秘鲁，秘鲁渔民最早用来指每年圣诞节前后秘鲁沿岸与正常洋流（自南向北的冷洋流，即秘鲁寒流）相反的即自北向南流的暖洋流。1891年秘鲁利马地球物理学会主席路易斯·卡伦扎（Luis Carranza）博士在学会公报上的一份报道注意到这样一个事实：在派塔港（Paita）和帕卡斯马约港（Pacasmayo）之间观测到和正常洋流相反的自北向南流的暖洋流（逆流）。由于这股暖流（逆流）总是在每年圣诞节前后出现，而且能够带来当地农牧业的丰收，故称之为厄尔尼诺（圣婴或上帝之子），意即上帝的恩赐或福音。1925年人们目睹了秘鲁附近发生的暖洋流，当年3月沙漠地区降雨量多达400mm，而前5年降水总和不足20mm。结果沙漠变成绿洲，几乎整个秘鲁覆盖着茂密的牧草，羊群成倍增多，不毛之地纷纷长出了庄稼……尽管人们也发现，许多鸟类死亡，海洋生物遭到破坏，但人们依然相信是"圣婴"给他们带来了丰收年。可见，地处南美洲的秘鲁和厄瓜多尔的渔民所说的厄尔尼诺是指每年圣诞节前后南美太平洋沿岸海域季节性增暖的现象，即南美沿岸一年一度的季节性海水增暖现象，是一种局部的正常季节变化，不会引起全球性的气候异常。

随着科学技术的发展，人们认识自然的手段不断提高，逐步有能力观测到整个赤道太平洋海水热状况的变化，对厄尔尼诺的认识也逐渐深入。科学家们发现，每隔几年这种海水增暖现象会异常强大，持续时间比正常年份长得多，可达数月到一年以上，增温范围也不只局限于南美沿岸海域，而是从南美沿岸一直发展到中太平洋，它不仅对沿岸生态系统造成严重影响或破坏，扰乱沿岸渔民的正常生活，引起当地的气候反常，而且还会给全球气候乃至社会经济带来重大影响。这种赤道中、东太平洋广大海域非季节性持续增温现象就是当今人们广泛关注的厄尔尼诺现象或厄尔尼诺事件。现在气象学家和海洋学家所说的"厄尔尼诺（El Niño）"专指赤道中、东太平洋每隔几年发生的大规模表层海水持续（半年以上）异常偏暖的现象，通常也称为厄尔尼诺事件、厄尔尼诺现象，见图 3.5。

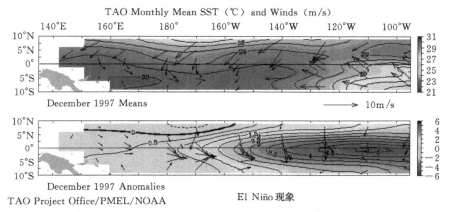

（a）1997 年 12 月热带太平洋月平均海表温度场（℃）与风场（上）和海表距平温度与风场（下）

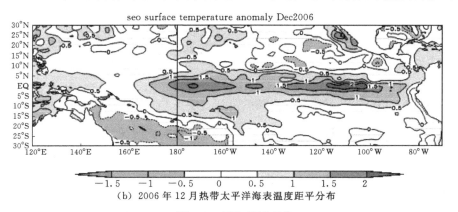

（b）2006 年 12 月热带太平洋海表温度距平分布

图 3.5　厄尔尼诺现象

正常年份，南美西海岸的秘鲁、厄瓜多尔附近海域常年盛行东南信风，在东南信风的驱动作用下，沿岸附近表层海水离岸而去，并自东向西流动形成南赤道洋流（信风洋流），大量的深层冷海水上升到海面补充，形成涌升流（上升流）。涌升流将深层中丰富的营养盐带到表层光亮带，引起浮游生物的大量繁殖，给鱼类带来丰盛的饵料。致使秘鲁渔场为世界三大渔场之一。但当厄尔尼诺发生时，赤道以南的东南信风突然减弱，太平洋赤道暖洋流向南扩张，代替秘鲁冷洋流，使这一海区的水温比常年高出几度，秘鲁沿岸的海水涌升明显减弱，海水表层的营养物质及以这些营养物质为食的藻类和鱼类大量死亡而大幅度减少，大量的鳀鱼迁徙到深海或其他海区，海鸟也因此缺乏食物而死亡或迁徙，南美沿岸国家也因失去宝贵的鸟粪肥料而影响农业生产及农产品出口。同时，在厄尔尼诺年，秘鲁和厄瓜多尔等南美沿岸气候由干旱转变为多雨，经常发生洪灾。厄尔尼诺不仅对秘鲁沿岸生态系统和渔业资源造成严重影响或破坏，扰乱沿岸渔民的正常生活，引起当地的气候反常，而且还会给全球气候乃至社会经济带来重大影响。

2. 拉尼娜（La Niña）

实际上，厄尔尼诺的发生是赤道中、东太平洋海域海水温度相对"正常状态"向暖的一方偏离（即出现正距平）。科学家们又发现了一种相反的情况，在有些年份，赤道中、东太平洋表层也会异常变冷，即海水温度相对"正常状态"向冷的一方偏离（出现负距平），并持续数月到一年以上，并给这种现象取了一个相应的名字叫拉尼娜，西班牙语"La Niña"，意为"圣女""小女孩"。

拉尼娜是指赤道中、东太平洋表层海水大规模持续（半年以上）异常偏冷的现象，是厄尔尼诺的反相，因此有人也称为反厄尔尼诺（anti-El Niño），见图3.6。

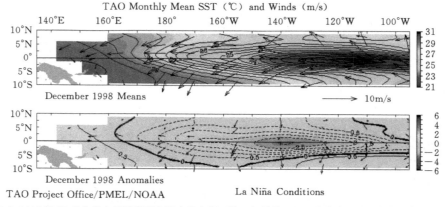

（a）1998年12月热带太平洋月平均海表温度场（℃）与风场（上）和海表距平温度与风场（下）

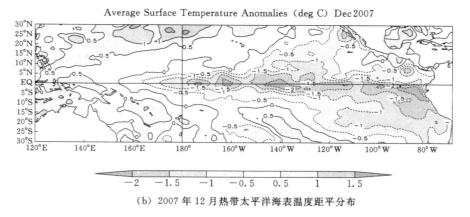

（b）2007年12月热带太平洋海表温度距平分布

图3.6 拉尼娜现象

拉尼娜的出现，同样会给自然界带来不小的麻烦，它与厄尔尼诺的性格完全相反，造成的影响和气候灾害也常常不同，但比厄尔尼诺要温和一些。

3. 南方涛动（Southern Oscillation）

通常情况下，以塔希堤（Tahiti）（位于法属玻利尼西亚）为中心的南太平洋中低纬海区为广阔的冷水区，其海平面气压场为一个高气压区；而在以澳大利亚达尔文（Darwin）为中心，包括印度尼西亚和澳大利亚北部的广大地区为一个低气压区，两者之间组成一个纬向的 Walker 环流。在厄尔尼诺年份，这一东高西低的气压型被打乱，出现了南太平洋高压和印度尼西亚—澳大利亚低压同时减弱甚至相反（西高东低）的情况，即两地区海平面气压之间出现"跷跷板"式的反相关振荡现象叫做南方涛动。

早在 19 世纪后期，就已经有科学家注意到印度的干旱与澳大利亚许多地区的干旱几乎同时发生，并提出两者之间可能存在着某种联系，同时还发现太平洋东西两侧的气压变化经常相反。1928 年，英国数学家、气象学家吉尔伯特·沃克（Gilbert Walker）在研究中取得了突破性进展，他从全球温度、气压和降水资料中发现，东南太平洋与印度洋到西太平洋两个地区的气压之间存在着一种跷跷板式的关系，即其中一个地区的气压升高时，另一个地区的气压则会降低。沃克将太平洋东西两侧海平面气压的这一反相关关系称为南方涛动。

根据沃克的这一理论，科学家选取塔希堤站代表东南太平洋，选取达尔文站代表印度洋与西太平洋，应用数理统计方法将两个测站的海平面气压差值进行处理后得到了一个用以衡量涛动强弱的指数，称为南方涛动指数 SOI（Southern Oscillation Index）。这个指数有效地反映了太平洋东西两侧气压增强和减弱的演变情况。当 SOI 为正值时，表示涛动增强，表明塔希堤比达尔文气压偏高的程度超过了正常情况，即东西太平洋气压差增大；当 SOI 为负值时，表示涛动弱，表明东西太平洋气压差值减小或小于正常值。

4. 沃克环流（Walker Circulation）

沃克环流是赤道太平洋上空因水温的东西面差异而产生的一种纬圈热力环流。"沃克环流"由沃克在 20 世纪 20 年代首先发现，是热带太平洋上空大气循环的主要动力之一。

通常情况下，在信风的驱动作用下，太平洋赤道洋流（信风洋流）自东向西横贯大洋，赤道暖流向太平洋西侧积聚，东太平洋表层的暖水不断被输送到西太平洋，使得赤道西太平洋水位升高，热量积蓄，年平均海表水温一般为 28～30℃，形成全球海表水温（SST）最高的海域，称为"西太平洋暖池""赤道暖池"或"暖池"。而在赤道东太平洋，特别是南美西海岸的秘鲁、厄瓜多尔附近海域常年盛行东南信风，在东南信风的驱动作用下，沿岸附近表层海水离岸而去，大量的深层冷海水上升到海面补充，形成涌升流（上升流），涌升流区也称冷水上翻区，在秘鲁寒流和沿岸涌升流作用下，形成了一个明显的低海温海域，海表水温一般为 20～24℃，如图 3.7 所示。

由于赤道太平洋东西两侧水温的差异，导致大气和海洋之间发生大规模的相互作用，并形成纬向的热力环流。赤道西太平洋暖池为一个巨大的热源，温度高、气压低，盛行上升气流，成为对流活跃区，降水非常丰沛；而赤道东太平洋为广阔的冷水区，温度低、气

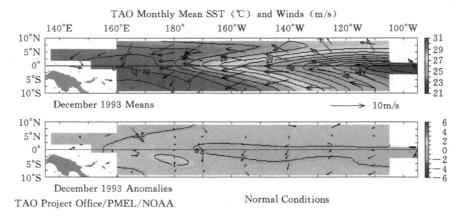

图 3.7 1993 年 12 月热带太平洋月平均海表温度场（℃）
与风场（上）和海表距平温度与风场（下）

压高，盛行下沉气流，多晴朗少云天气。赤道西太平洋上升的气流到高空后向东流，到东太平洋较冷的洋面上下沉，强烈的下沉气流受冷海水影响降温后，随偏东信风西流，到达赤道西太平洋后受热上升，转为高空西风。这样就在赤道太平洋上空形成了一个闭合环流圈，称为沃克环流（图 3.8）。

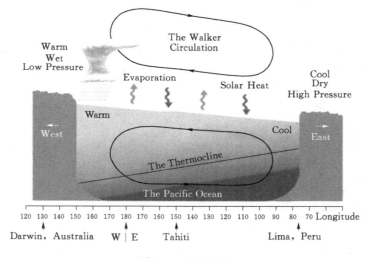

图 3.8 沃克环流

5. ENSO 与 ENSO 循环

ENSO 是 El Niño Southern Oscillation 的缩写，指厄尔尼诺和南方涛动的总称。它们是热带海洋和热带大气中孕生的异常现象，对全球性的大气环流和许多地区的气候异常及海洋状况、生态异常等都有重要的影响。

早期的海洋学家和气象学家把厄尔尼诺和南方涛动分别作为独立的现象而各自进行研究，由于受到当时观测手段的限制，没能意识到二者的联系。直到 20 世纪 60 年代，对厄尔尼诺和南方涛动的认识出现了重大转折，即开始认识到大气和海洋存在着相互作用。一方面，由于观测资料的增多，海洋学家逐步认识到：秘鲁沿岸的异常暖海水可以离开海岸扩展数千里，该异常条件仅是整个热带太平洋上层海洋异常的一个方面，且这种异常的产生是整个太平洋上空大气环流驱动的结果。海洋学家乌尔基（Wyrtki）在 1965 年根据潮汐观测资料进行的分析研究工作，便是这一时期的代表性研究。因此，从海洋学观点看，把厄尔尼诺看成是热带太平洋表面风场变化所致的论述在当时是非常重要的进步。另一方面，在 20 世纪 60 年代后期，气象学家也开始认识到热带东太平洋海表温度变化和南方涛动有明显的联系，并且把海洋作为南方涛动产生的一种可能"记忆"机制引入。厄尔尼诺和南方涛动联系的早期证据是发现了印度尼西亚雅加达表面气压的年际变化和秘鲁沿岸的海表温度具有明显的联系，不过这些发现还具有局地海气相互作用的特点。

最具里程碑意义的是 20 世纪 60 年代中后期，长期从事海洋、大气相互作用与气候变化关系研究的美国加州大学气象学教授雅各布·皮叶克尼斯（Jacob Bjerknes）以其敏锐的洞察力发现了大气和海洋的相互作用对风场、降水以及天气的其他方面有着重要的影响，提出了赤道太平洋东部海面温度变化与大气环流之间存在遥相关的理论，把厄尔尼诺和南方涛动这两个看似孤立的现象联系了起来。当赤道太平洋东部海温升高时，西部的海温往往会下降，温度升高的海水又使其上方的大气压力减小，温度下降的海水则使其上方的大气压力增加，这样赤道太平洋上空气压与正常情况相比就会东降西升，南方涛动指数就会减小成为负指数；反过来，当赤道太平洋东部海温下降时，西太平洋的海温则会上升，变化的海温使其上方的大气压力发生相应的变化，这样赤道太平洋上空气压与正常情况相比就会东升西降，南方涛动指数则上升成为正指数。

总之，厄尔尼诺和南方涛动是热带海洋和大气交互作用的结果，是同一物理现象在海洋和大气中的独立表现，通常合称为 ENSO（恩索），是热带太平洋大尺度海气相互作用产生的不规则年际振荡。厄尔尼诺是 ENSO 在海洋中的表现，为 ENSO 的海洋分量；南方涛动是 ENSO 在大气中的表现，为 ENSO 的大气分量。由于海洋和大气相互作用的复杂性和两者之间的相互制约，使得 ENSO 现象具有明显的循环特征，因而也称为 ENSO 循环（图 3.9）。赤道中、东太平洋在不断地进行着一种冷水–暖水–冷水–暖水的循环，而厄尔尼诺和拉尼娜则是 ENSO 循环变化过程中的两个极端位相，即 ENSO 暖事件和 ENSO 冷事件。

ENSO 是热带海洋和大气中的异常现象，是迄今为止人类所观测到的全球大气和海洋相互耦合的最强信号之一，也被认为是年际气候变化中的最强信号，它的发生往往会在全球引起严重的气候异常，从而给世界许多地区造成严重的旱涝和低温冷害，使许多国家的工农业生产受到巨大损失，因而备受全世界的普遍关注。

二、ENSO 事件的监测与诊断指标

1. ENSO 的监测

20 世纪 80 年代以前，有关太平洋海洋和大气的观测资料相当有限，对 ENSO 的观测数据主要来源于一些有限的途径：如行驶于一些固定航线上船只的测量、沿海和岛屿附近潮汐观测站的记录以及一些有限区域的观测试验，这些观测手段和积累的数据不足以提供

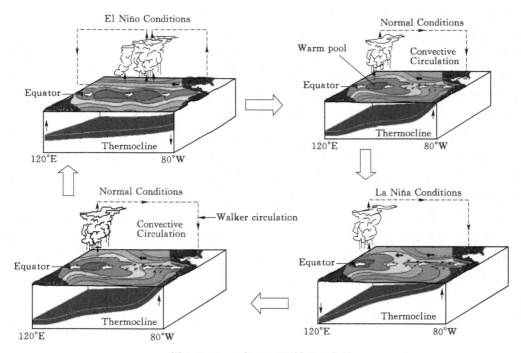

图 3.9 2～7 年 ENSO 循环示意图

对 ENSO 进行全面定量的描述，科学家们还无法可靠地对 ENSO 进行预警报告。比如 1982 年 10 月，当许多著名气象学家和海洋学家云集于美国普林斯顿召开与厄尔尼诺有关的诊断会议之际，对当时正在发生的强厄尔尼诺事件并没有清楚地认识到。1982—1983 年强厄尔尼诺事件以后，厄尔尼诺的监测和预测问题引起了科学家的高度重视，由联合国世界气象组织（World Meteorological Organization，简称 WMO）开始呼吁在提高能力建设的基础上发展一个实地观测的阵列。1984 年，ATLAS（自治线式温度获取系统）浮标首次得到了应用，开始观测大气温度、海面温度以及海面以下 500m 深的海水温度，并且通过美国大气海洋局（NOAA）的极轨卫星，把所有采集到的数据实时传到陆地上。1985 年开始，国际组织实施了为期 10 年（1985—1994）的热带海洋与全球大气计划（Tropical Ocean & Global Atmosphere 即 TOGA），建立了由海洋浮标、船舶、潮汐观测站、卫星等组成的观测网，对热带太平洋和大气状况进行了密切监视，建立了"热带大气海洋观测阵列"（Tropical Atmosphere Ocean Array，简称 TAO），该阵列可以对 El Niño/La Niña 的发生、发展和消亡的过程做出观测，为 ENSO 循环的研究提供更全面的资料。

2. ENSO 的特征值

ENSO 是大尺度海洋与大气交互作用的事件，在监测、诊断、预测和定义 ENSO 事件时，必然涉及热带海洋、大气及其相互作用方面的物理量，包括热带海洋温度（海面温度 SST 指数、表层与次表层温度）、海平面高度、气压场（海面气压 SLP）、风场（对流层低层 850hPa 信风指数、对流层高层 200hPa 信风指数）、向外长波辐射（OLR 指数）、对流降水（ESPI 指数）和综合指数（MEI）等。以下介绍海表温度指数、海平面气压指数、ENSO 降水指数和综合指数（MEI）。

（1）ENSO 事件的海温监测区与尼诺指数（Niño 指数）。在监测、预报 El Niño 和 La Niña 事件时，主要根据热带太平洋海表温度（SST）资料，取某一海域的月平均海表温度（SST）与相应月份多年平均海表温度之差值即该海域的月海表温度距平 SSTA 值为指数（Niño 指数），当该海域平均海表温度距平（Niño 指数）超过某一规定的阈值（临界值）时，就定义为一次 ENSO 事件。通常赤道中、东太平洋被划分为 4 个 ENSO 监测区：Niño1 区（5°S～10°S，90°W～80°W）、Niño2 区（0°～5°S，90°W～80°W）、Niño3 区（5°S～5°N，150°W～90°W）和 Niño4 区（5°S～5°N，160°E～150°W）。在美国海洋大气局 NOAA 气候预测中心 CPC 网站上可以得到各海区 1950 年以来的 Niño 指数，即 Niño 1+2 区（0°～10°S，90°W～80°W）、Niño 3 区（5°S～5°N，150°W～90°W）、Niño 4 区（5°S～5°N，160°E～150°W）和 Niño 3.4 区（5°S～5°N，170°W～120°W）指数。

Niño1+2 区（0°～10°S，90°W～80°W）位于南美秘鲁和厄瓜多尔沿岸的涌升流区，海区范围小，海面温度的年变化和年际变化明显，东部型 El Niño 常常从该海域最先出现异常增暖，然后异常增暖范围再逐渐向西扩展，如 1976—1977 年事件为较弱的东部型 El Niño 事件。Niño3 区（5°S～5°N，150°W～90°W）涵盖了赤道东太平洋的大部海域，其 El Niño 信号最为突出，通常用这一海区的海表温度距平 SSTA 指数来判定 El Niño 和 La Niña 的发生与结束：一般地，当 Niño3 区海表温度距平指数持续 6 个月偏高 0.5℃时被定义为一次 El Niño 事件；反之，持续 6 个月偏低 0.5℃时被定义为一次 La Niña 事件。海表温度距平指数峰值或整个事件持续期内各月的 SSTA 累积值 ΣSSTA 的绝对值越大，ENSO 事件的强度越大，事件的长度则取决于海温异常持续时间的长短。我国海洋环境预报中心是用 Niño3 区指数来监测和预测 El Niño。Niño4 区（5°S～5°N，160°E～150°W）主要包括赤道中太平洋海域，部分海区位于西太平洋暖池区内，海面温度的年际变化很小，但该海域海温高，即使微小的温度变化也会对气候产生较大的影响。1993 年和 1994—1995 年的 El Niño 事件，Niño4 区增温较强，SSTA≥0.5℃的时间持续了 1 年，而 Niño3 区 SSTA≥0.5℃的时间仅持续了 4～5 个月。

一些学者采用其他海区的海表温度持续异常变化来确定 El Niño 和 La Niña。魏松林利用赤道中、东太平洋 Niño C 区（0°～10°S，180°～90°W）57 个网格点的海表温度 SST 距平值的逐月资料系列作为表征 El Niño/La Niña 的指数（ENI）。王绍武等根据 Niño C 区（0°～10°S，180°～90°W）各月海温距平，给出了 1854—1987 年 ENSO 年表，龚道溢、王绍武使用该标准确定了从 1870—1996 年 127 年中的 ENSO 类型，共有 El Niño 年 43 年，La Niña 年 41 年，正常年份 43 年。另外，在 Niño 3 区和 Niño 4 区之间的 Niño 3.4 区（5°S～5°N，170°W～120°W），不仅能很好地监测和反映 El Niño 信号，而且该区微小的温度变化也会对气候产生较大的影响，因此美国 NOAA、NCEP、CPC、IRI 等则是利用 Niño 3.4 区海表温度距平 SSTA 指数来定义 ENSO 事件（图 3.10）。据美国 IRI（International Research Institute for Climate Prediction）的定义：当 Niño3.4 区指数 5 个月滑动平均值超过+0.4℃的值持续 6 个月以上时为一次 El Niño 事件或 ENSO 暖事件（Warm Episodes）；反之，当 Niño3.4 区指数 5 个月滑动平均值低于-0.4℃的值持续 6

个月以上时为一次 anti－El Niño 事件或 ENSO 冷事件（Cold Episodes）即 La Niña 事件。据此定义标准，从 1950—2001 年共发生 15 次 El Niño 事件和 11 次 La Niña 事件。

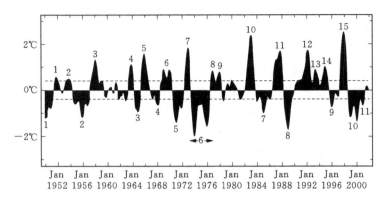

图 3.10　1950—2001 年各月 Niño3.4 区指数（点线为＋/－0.4℃界线）

近年来，中国国家气候中心在业务上主要以 Niño Z 区（亦称 Niño 综合区，即 Niño 1＋2＋3＋4 区）的海温距平指数作为判定 ENSO 事件的依据。Niño Z 区海温距平指数 SSTA≥0.5℃（≤－0.5℃）至少持续 6 个月（过程中间可有单个月份未达指标）时为一次 El Niño（La Niña）事件；若该区 SSTA≥0.5℃（≤－0.5℃）持续 5 个月，且 5 个月的指数之和 ∑SSTA≥4.0℃（≤－4.0℃）时，也定义为 El Niño（La Niña）事件。美国海洋大气局 NOAA 近年来在业务上主要利用海洋尼诺指数 ONI（Oceanic Niño Index）定义 ENSO：海洋尼诺指数 ONI（Oceanic Niño Index）≥＋0.5℃（或≤－0.5℃）持续 5 个月以上时称为一次 El Niño（或 La Niña）事件，而海洋尼诺指数 ONI（Oceanic Niño Index）是指基于 NOAA 扩展重建的海面温度资料（Extended Reconstructed Sea Surface Temperatures，ERSST），Niño 3.4 区海表温度距平 SSTA 的 3 个月滑动平均值。

（2）海平面气压指数－南方涛动指数 SOI。南方涛动指数 SOI（Southern Oscillation Index）是指塔希堤（Tahiti）岛（位于法属玻利尼西亚）与澳大利亚的达尔文（Darwin）站的海平面气压（SLP）差，以此来定量表示南方涛动的强弱。SOI 是最早用来反映 ENSO 的指数，是表征 ENSO 事件的传统指标，目前也是监测 ENSO 的常规指数，其计算方法有多种，目前通用 SOI 是美国气候预测中心（CPC）发布的两次标准化的序列，即对 Tahiti 与 Darwin 两站海平面气压（SLP）先分别标准化，相减之后再标准化，同时采用对全年 12 个月统一标准化而非以前的分月标准化。Tahiti 站与 Darwin 站海平面气压（SLP）值和 SOI 指数可从美国气候预测中心网站获得。

近年来，一些新的南方涛动指数开始出现，如赤道太平洋南方涛动指数（Equatorial SOI）采用沿赤道太平洋（5°S～5°N，80°W～130°W 和 5°S～5°N，90°E～140°E）标准化的海平面气压差计算等，可由网站 http：//www.cpc.ncep.noaa.gov/data/indices/reqsoi.for 获得。

一般来说，El Niño 事件或 Warm Episodes（暖事件）发生时，南方涛动指数 SOI 为负值；反之，La Niña 事件或 Cold Episodes（冷事件）发生时则对应 SOI 正值（图 3.11）。

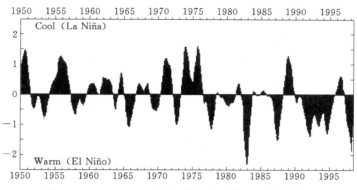

图 3.11 1950—1998 年南方涛动系数 SOI 变化序列

（3）ENSO 降水指数 ESPI。El Niño 对全球气候影响最显著的区域是低纬度地区，尤其是对热带太平洋地区的影响最为直接和强烈。El Niño 发生时，赤道中、东太平洋增暖，信风减弱，赤道太平洋西部与东部之间的温差和海面高差均减小，减弱甚至破坏纬向的 Walker 环流，导致赤道太平洋对流活跃区东移到中太平洋，造成多雨区东移，中、东太平洋上的岛屿及南美沿岸国家多雨甚至发生暴雨洪涝，而西太平洋和印度洋一带因海温下降、大气对流活动减弱，降水减少。由于 Walker 环流年际变化，海洋大陆 Maritime Continent（MC 区）（10°N～10°S，90°E～150°E）和中东太平洋（P 区）（10°N～10°S，160°E～100°W）是获得降水变化最显著的两个区域，而且这两个区域的降水距平（P 区正距平，MC 区负距平）与 Nino 3.4 区指数和 SOI 的相关性最好，其绝对相关度达 0.6 以上。

Curtis 和 Adler（2000）利用卫星格点降水资料提出 ENSO 降水指数（ENSO precipitation index），在海洋大陆（MC 区）（10°N～10°S，90°E～150°E）和赤道中东太平洋（P 区）（10°N～10°S，160°E～100°W）分别按 $2.5°×2.5°$ 经纬网格计算各区网格逐月最大与最小降水距平，即 MC 区的 Amc^+ 与 Amc^- 和 P 区的 Ap^+ 与 Ap^-，然后以 P 区最大降水距平 Ap^+ 减去 MC 区最小降水距平 Amc^-，并对其差值按 1979—1998 年 20 年平均值进行标准化，便得到指数 EI（El Niño index）。同理，将 MC 区最大降水距平 Amc^+ 与 P 区最小降水距平 Ap^- 的差值进行标准化便得到指数 LI（La Niña index），最后将 EI 与 LI 两指数的差值进行标准化便得到 ENSO 降水指数（ESPI）。EI、LI 表示赤道太平洋与海洋大陆之间的最大纬向降水距平梯度，EI（LI）为正值时表征 ENSO 处于暖（冷）位相；反之，EI（LI）为负值时表征 ENSO 处于冷（暖）位相，EI（LI）的变化可以定量反映 ENSO 冷暖位相的演化。ESPI（ENSO precipitation index）与传统的海表温度指数和气压指数密切相关，通过对 1979 年以来的逐月样本数据分析，ESPI 与 Niño 3.4 区海表温度距平 SSTA、ONI 和 SOI 的相关系数分别是 0.787、0.803 和 −0.708，并且相关系数的显著性水平双侧检验都在 0.01 以上。ESPI 更能反映 Walker 环流的位置和强度，ESPI 反映 ENSO 循环有一定的优越性，ESPI 与 ONI 具有很高的正相关，其正值（负值）表征 ENSO 循环处于暖（冷）位相。1982—1983 年和 1997—1998 年发生两次强 El Niño 事件，在由暖事件转向冷事件期间，降水方式发生了强烈转换。根据 EI 和 ESPI 数据，1997—

111

1998 年发生了过去近 30 年里最强的 El Niño 事件。

（4）多变量 ENSO 指标 MEI。ENSO 是由热带海洋与大气耦合作用引起全球气候年际变化的最强信号，美国气候诊断中心（CDC）近年也采用了 Wolter 等提出的多变量 ENSO 指数 MEI（Multivariate ENSO Index）。Wolter 等利用热带太平洋上的海平面气压（P）、地面纬向风（U）和经向风（V）、海表温度（S）、海面气温（A）和总云量（C）6个要素 COADS 观测值对 1950—1993 年作为参照时段进行标准化处理之后，对各个要素场首先进行滤波聚类处理，进一步采用正交分解的方法，对这 6 个观测变量进行组合得到的第一个非旋转的主分量作为多变量 ENSO 指数（MEI）。MEI 考虑了各要素的综合影响，能综合地监测 ENSO，弥补了采用单一要素指标观测资料不够或不连续的缺陷，使其代表性提高。MEI 与 ONI 有很高的正相关，与 SOI 有较强的负相关，通过对 1951 年以来的逐月样本资料统计，MEI 与 ONI、SOI 的相关系数分别为 0.876、－0.664；MEI 为正值表征 ENSO 暖位相，异常偏高为 El Niño，MEI 越高表示 El Niño 越强，而 MEI 为负值表征 ENSO 冷位相，异常偏低为 La Niña，MEI 越低（负值）表示 La Niña 越强（图 3.12）。

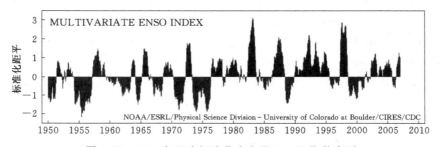

图 3.12　1950 年以来标准化多变量 ENSO 指数序列

三、ENSO 事件对全球气候的影响

ENSO 事件的发生和发展必然引起全球大气环流和世界气候的异常，导致一些地方多雨洪涝，另外一些地方少雨干旱；也会造成一些地方的寒冬和另外一些地方的冷夏等。据龚道溢、王绍武对近百年来 ENSO 对全球陆地降水的影响研究表明：在 El Niño 年，全球陆地降水显著减少，而在 La Niña 年全球陆地降水则显著增加。

El Niño 对全球气候影响最显著的区域是低纬度地区，尤其是对热带太平洋地区的影响最为直接和强烈，它与赤道中、东太平洋的增暖和信风的减弱相联系。El Niño 事件发生时，赤道太平洋西部与东部之间的温差和海面高差都将减小、减弱甚至破坏纬向的 Walker 环流，加强中东太平洋经向的 Hadley 环流，导致赤道太平洋对流活跃区东移到中太平洋，造成多雨区东移，中、东太平洋上的岛屿及南美沿岸国家多雨甚至发生暴雨洪涝，不仅南美沿岸的厄瓜多尔、秘鲁和智利等国的降水显著增加，而且巴西南部、巴拉圭、乌拉圭等国以及阿根廷北部降水和美国南部的冬季降水也显著偏多。如 1982 年底到 1983 年上半年，厄瓜多尔、秘鲁连降暴雨，发生史无前例的洪水，洪水和泥石流造成各国死亡 300 余人。又如，1997 年 6 月，智利北部两天的降雨量竟相当于过去 21 年降水量的总和。

在西太平洋和印度洋一带，由于海温下降、大气对流活动减弱，则降水减少，印度、印度尼西亚、澳大利亚等国家发生持续干旱，同时在非洲东南部、中美洲和巴西东北部等地也常出现少雨干旱。如 1997 年，菲律宾、印度尼西亚发生了严重的干旱。此外，在 El Niño 年，太平洋和大西洋地区发生的台风和热带风暴都比常年偏少，加拿大西南部和美国北部出现暖冬，东亚（包括中国东北、日本北部和朝鲜等地）夏季易于出现低温，北美大平原和墨西哥湾等地降水增多。

La Niña 对气候的影响与 El Niño 大致相反，与赤道东太平洋异常降温和信风加强相联系，但其强度和影响程度不及 El Niño。La Niña 发生时，西太平洋及其岛屿和沿岸地区雨量增多，印度尼西亚、菲律宾、澳大利亚东部、巴西东北部、非洲南部等地对流活动加强，风暴和降雨增多；而在赤道太平洋中、东部地区却更加干旱少雨，而且西太平洋地区台风和大西洋飓风活动明显增多。

四、ENSO 事件对中国气候的影响

中国大部分地区处在中纬度的亚热带和温带，又位于最大大陆——亚欧大陆东南部，东临最大大洋——太平洋，再加上国土辽阔，地形复杂，因此影响中国气候的因素众多复杂，季风气候显著，大陆性也明显。ENSO 作为全球海洋和大气相互作用最强的信号，对西太平洋副高、东南季风和西南季风都有重要影响，从而影响中国的降水、气温等气候要素，并对影响我国的台风数和登陆台风数也有重要作用。研究表明，基于 ENSO 发生的不同大的气候背景，ENSO 循环过程的不同位相、发展阶段和 ENSO 的强度、出现时间与地点等，ENSO 对中国气候的影响是不相同的，即使同一事件对不同区域或同一区域的不同季节影响也有差异。

1. ENSO 与中国降水

龚道溢等研究指出：近百年来，El Niño 年，中国东部北方地区夏、秋和冬季降水及年降水都偏少，江南地区秋季降水显著增多，东南地区冬季降水也显著增加；La Niña 年则相反；春季降水情况基本上与 ENSO 没有关系。最新研究发现，20 世纪 70 年代末、80 年代初，全球气温和赤道太平洋海温均有一个明显升高的趋势，即处于不同的大气候背景，80 年代以后的 El Niño 事件比 80 年代以前的 El Niño 事件强度明显偏强；并且 80 年代前、后的 El Niño 年对应的中国东部汛期降水分布是不相同的：80 年代以后为长江、淮河流域降水较常年偏少，南北方偏多；80 年代以前为全国大部分地区降水偏少，但华南、东北部分地区降水偏多。

ENSO 循环的不同位相、开始出现的季节与中国夏季降水均有密切关系。研究表明，El Niño 年的夏季我国大部分地区雨量偏少，一些地区可偏少 3~5 成，多雨区位于长江与黄河之间，且多雨期主要发生在 7、8 两月；El Niño 次年夏季，长江中下游及江南部分地区雨量偏多，而黄河流域大部、华北、华南、西南地区雨量偏少；La Niña 年的夏季，长江与黄河之间、东南及华南大部雨量显著偏少，而黄河流域和西南地区大部雨量偏多。邹力等对 ENSO 对中国夏季降水的影响的研究发现，El Niño（La Niña）发生后的次年夏季，长江中下游地区较易发生洪涝（干旱），而华南地区较易发生干旱（洪涝）；若 El Niño（La Niña）事件结束得晚，不仅在长江中下游降水偏多（少），且在华北地区容易出现干旱（洪涝），即是说中国东部地区夏季降水与 ENSO 循环发展的位相有关。另据励申申等的研究，El Niño 增暖期的不同影响东亚夏季风的强弱和爆发时间，进而影响东亚夏季降水的多寡，秋冬季增暖的 El Niño 事件如 1953—1954 年、1968—1969 年、1972—1973 年、1982—1983 年、1986—1987 年等导致次年夏季江淮流域降水偏多，而在春夏季增暖的 El Niño 事件如 1957 年、1958 年、1963 年、1972 年、1977 年等导致当年夏季江淮流域降水偏少。

其他季节的降水变化也与 ENSO 有关。据谌芸等的研究，我国秋季降水的南北降水距平分布形势与 ENSO 有密切关系，El Niño 年我国秋季降水出现南多北少分布型（S型）的频率增加近 20%，La Niña 年出现南多北少分布型（S型）的频率减少 20%；El Niño 年和 La Niña 年我国秋季降水的距平分布有显著差异，并且这种显著差异主要表现在长江南北、西北和河套地区。董婕等的研究也得到相似的结论，当赤道东太平洋海温偏高（El Niño）时，我国秋季北方降水偏少、南方降水偏多，往往出现北少南多型（S型）；反之，赤道东太平洋海温偏低出现 La Niña 时，则常常出现北多南少型（N型）。冬季，El Niño（La Niña）事件发生时，我国降水容易出现北少南多分布型（北多南少分布型），长江以北大部分地区降水偏少（多），长江以南大部分地区降水偏多（少）。而在春季，赤道东太平洋海温偏高（低）出现 El Niño（La Niña）时，我国东部大部分地区降水偏多（少），尤其华北中南部、黄河流域和华南南部偏多（少）的可能性更大。

从形成机理来看，El Niño 年，由于赤道西、东太平洋海表温差减小，纬向 Walker 环流减弱，东太平洋经向 Hadley 环流增强。但西太平洋海温偏低，Hadley 环流减弱，大气对流活动减弱，西太平洋副高势力较常年增强、位置偏南，导致东亚夏季风偏弱，主要雨带和风带也偏南，因此形成夏秋季南涝北旱的降雨分布型，即北方地区尤其华北地区夏秋季降水和年降水比常年减少，而江南地区降水比常年增多；并且在 El Niño 年的冬季，东亚冬季风也减弱，而青藏高原南侧的南支西风很强、扰动活跃，引起青藏高原上大量降雪和华南地区降水偏多。而 La Niña 年则相反，赤道东太平洋海温降低，西太平洋暖池势力增强，Hadley 环流增强，西太平洋副高势力减弱但位置比常年偏北，夏季风（东南季风和西南季风）势力也较常年增强，对我国天气气候的影响主要表现在夏季汛期的主要降雨带北移，有利于华北、黄河中游一带的降雨；冬季风也较常年强，青藏高原南侧的南支西风偏弱、扰动少，使得冬季中国大陆降水比常年偏少。

2. ENSO 与中国气温

通常在 El Niño 现象发生的当年，我国的夏季风较弱，季风雨带偏南，位于我国中部或长江以南地区，因此，我国北方地区夏季往往容易出现干旱、高温。如 1997 年强 El Niño 发生后，我国北方的干旱和高温十分明显。但是，在 El Niño 年，我国东北地区常常发生明显的夏季低温，东北地区的 6 次严重夏季低温年（1954 年、1957 年、1964 年、1969 年、1972 年和 1976 年）大都与 El Niño 有关。据王绍武、朱宏研究，中国东北地区只是东亚夏季低温区的西南部分。但从 20 世纪 80 年代以后，由于全球气候变暖，海洋水温升高，尽管 El Niño 事件频率加快，东北地区发生夏季低温的频度却在降低。此外，在 El Niño 现象发生后的冬季，东亚大槽强度比常年偏弱，东亚极锋锋区位置较常年偏北，不利于寒潮爆发，冷空气活动减弱，中国东部大部分地区温度相对常年偏高，容易出现暖冬，如 1950 年以来的 15 次 El Niño 事件中有 14 次是暖冬，占 93％。总之，在 El Niño 年份，中国容易出现暖冬凉夏。

在 La Niña 年份，我国东北地区如沈阳、长春和哈尔滨等地夏季气温往往较常年偏高，出现热夏；而冬季，因冬季风和东亚大槽强度比常年偏强，寒潮活动频繁，东亚地区尤其黄河流域大部、长江中下游及我国东南沿海一带出现冷冬的可能性较大。

3. ENSO 对台风的影响

中国是世界上台风登陆最多的国家。据统计，1949—1997 年，亚太地区 7—9 月的登陆台风有 753 个，而在中国登陆的就有 347 个，占 40％多。目前广东是中国登陆台风最多、强度最大、形成灾害最严重的省份，而海南、台湾、福建也是台风登陆重点地区。

中国登陆台风次数与台风源地海水温度有一定关系。El Niño 年，由于西太平洋海温比常年偏低，空气对流活动减弱，而且横贯在太平洋上的副热带高压位置偏南，紧靠着副热带高压南侧的热带辐合带的位置也偏南，因此，El Niño 现象发生后，西北太平洋（包括南海）热带风暴的发生个数及在我国沿海登陆个数均比常年减少。反之，在 La Niña 期间，西太平洋台风数及登陆我国的台风数较常年偏多。由表 3.9 可知，在 El Niño 年，西太平洋台风数和登陆中国的台风数分别平均为 26.1 个和 6.7 个，较正常年份少；而 La Niña 年则偏多，平均分别为 30.5 个和 9.3 个。

表 3.9　　　西太平洋台风数及登陆中国的台风数与 ENSO（1950—1989 年）

发生年	台风发生个数/个			登陆中国台风数/个		
	平均值	最多值	最少值	平均值	最多值	最少值
El Niño 年	26.1	33	20	6.7	9	4
正常年	28.1	35	22	8.0	12	5
La Niña 年	30.5	40	23	9.3	12	5
40 年平均	28.2			8.0		

第六节　海　冰　灾　害

海冰是由海水冻结而成的咸水冰，但也包括流入海洋的河冰、湖冰和冰川冰等（图 3.13）。大陆冰川或陆架冰滑入海洋后断裂而成的巨大冰块中，露出海面的高度在 5m 以上者称为冰山，高度大者可达几十米，长度一般为几百米至几十千米。海冰，特别是冰山对海上交通运输、生产作业、海上设施及海岸工程等造成的严重影响和损害，称为海冰灾害。海冰是极地海域和某些高纬度区域最突出的海洋灾害之一。

一、海水结冰过程

海冰形成的必要条件是，海水温度降至冰点并继续失热、相对冰点稍有过冷却现象并

图 3.13　海冰

有凝结核存在。

海水因含有大量盐分，在冻结过程、温度、速度等方面有别于淡水。随着盐度的增加，海水的最大密度温度及冰点温度呈线性递减（图 3.14），而前者的递减速率大于后者。在盐度为 24.695×10^{-3} 时，冰点温度和最大密度温度相同，均为 $-1.332℃$。

当盐度小于 24.695×10^{-3} 时，最大密度温度高于冰点温度，低盐海水结冰过程同淡水类似，即当温度低于最大密度温度，达冰点时海水在相对平静的状态下结冰。

当海水盐度大于 24.695×10^{-3} 时，最大密度温度低于冰点温度，其结冰过程非常困难缓慢。一方面，盐度大于 24.695×10^{-3} 时，海水的最大密度温度 T_M 低于冰点温度 T_i，随着海面温度的不断下降，表层海水密度总是不断增大，必然导致表层海水下沉而形成对流。这种对流过程将一直持续到结冰时为止，这种对流作用可达到很大的深度乃至海底。由于对流，下层海水热量向上输送，使海水的冷却速率减慢，因此海水结冰非常困难。只有相当深的一层海水充分冷却后才开始结冰。另一方面，海水结冰时，要不断地析出盐分，使表层海水盐度增加，密度增大，因而表层水继续下沉，加强了海水的对流（助长对流）；同时，盐度值的增加，又使冰点温度进一步下降，所以结冰就更困难、更缓慢。所以海水结冰可以从海面至对流可达深度内同时开始。也正因为如此，所以海冰一旦形成，便会浮上海面，形成很厚的冰层。

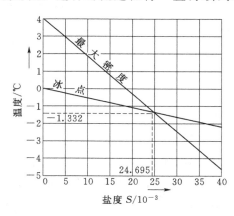

图 3.14　冰点温度、最大密度温度
与盐度的关系

海水结冰时，是其中的水冻结，而将其中的盐分排挤出来，部分来不及流走的盐分以卤汁的形式被包围在冰晶之间的空隙里形成"盐泡"。此外，海水结冰时，还将来不及逸出的气体包围在冰晶之间，形成"气泡"。因此，海冰实际上是淡水冰晶、卤汁和气泡的混合物。

另外，在研究海冰时还需要了解以下概念：

冰期：海水结冰、海冰增长、海冰融消所经历的天数称为"冰期"。

初冰日：秋末冬初海面第一次出现海冰的日期称为"初冰日"。

封冻日：进入隆冬，海面出现厚度在 10cm 以上的海冰，浮冰密集度大于 7 成或出现固定冰的日期称为"封冻日"。

解冻日：冬末春初冻冰开始融化，浮冰密集度小于 7 成或固定冰开始解体的日期称为"解冻日"。

终冰日：春季海冰融化最后消失的日期称为"终冰日"。

结冰期：从初冰日到封冻日海冰生成、增长、发展的物理过程称为"结冰期"。

严重冰期（盛冰期）：从封冻日到解冻日海冰增长发展最严重（最盛）的物理过程称为"严重冰期"。

融冰期：从解冻日到终冰日海冰融化、消失的物理过程称为"融冰期"。

有冰期：从初冰日到终冰日海冰从形成、增长、融消所经历的物理过程称为"有冰期"。

二、海冰的分类

1. 按结冰过程的发展阶段分类

（1）初生冰。最初形成的海冰，都是针状或薄片状的细小冰晶；大量冰晶凝结，聚集形成黏糊状或海绵状冰，在温度接近冰点的海面上降雪，可不融化而直接形成黏糊状冰。在波动的海面上，结冰过程比较缓慢，但形成的冰比较坚韧，冻结成所谓莲叶冰。

（2）尼罗冰。初生冰继续增长，冻结成厚度 10cm 左右有弹性的薄冰层，在外力的作用下，易弯曲，易被折碎成长方形冰块。

（3）饼状冰。破碎的薄冰片，在外力的作用下互相碰撞、挤压，边缘上升，形成直径为 30cm 至 3m，厚度在 10cm 左右的圆形冰盘。在平静的海面上，也可由初生冰直接形成。

（4）初期冰。由尼罗冰或冰饼直接冻结一起而形成厚 10～30cm 的冰层。多呈灰白色。

（5）一年冰。由初期冰发展而成的厚冰，厚度为 30cm 至 3m。时间不超过一个冬季。

（6）老年冰。至少经过一个夏季而未融化的冰。其特征是，表面比一年冰平滑。

2. 按海冰的运动状态分类

（1）固定冰。与海岸、岛屿或海底冻结在一起的冰。当潮位变化时，能随之发生升降运动。其宽度可从海岸向外延伸数米甚至数百千米。海面以上高于 2m 的固定冰称为冰架；而附在海岸上狭窄的固定冰带，不能随潮汐升降，是固定冰流走的残留部分，称为冰脚。搁浅冰也是固定冰的一种。

（2）流（浮）冰。自由浮在海面上，能随风、流漂移的冰称为流冰。它可由大小不一、厚度各异的冰块形成，但由大陆冰川或冰架断裂后滑入海洋且高出海面 5m 以上的巨大冰体——冰山，不在其列。

流冰面积小于海面 1/10～1/8 者，可以自由航行的海区称为开阔水面；当没有流冰，即使出现冰山也称为无冰区；密度 4/10～6/10 者称为稀疏流冰，流冰一般不连接；密度 7/10 以上称为密集（接）流冰。在某些条件下，例如流冰搁浅相互挤压可形成冰脊或冰丘，有时高达 20 余米。

三、海冰的分布

海冰和冰山是高纬海区特有的海洋水文现象。北冰洋终年被海冰覆盖，覆冰面积 3—4 月最大，约占北半球面积的 5％；8—9 月最小，约为最大覆冰面积的 3/4；多年冰的厚度一般为 3～4m。流冰主要绕洋盆边缘流动，其冰界线的平均位置约在 58°N。格陵兰是北半球主要的冰山发源地，每年约有 7500 座冰山由此进入海洋，仅随拉布拉多寒流进入大西洋的就有 388 座/年，其中约 5％到达 48°N，0.5％可达 42°N。冰山的平均界限为 40°N。个别冰山曾穿过湾流抵 31°N 海域。在北冰洋边缘的附属海，以及白令海、鄂霍茨克海、日本海、波罗的海以及中国的渤海和黄海每年冬季都有海冰出现。

南极大陆是世界上最大的天然冰库，周围海域终年被冰覆盖，暖季（3—4 月）覆冰面积为 $(2～4)×10^6 km^2$，寒季（9 月）达 $(18～20)×10^6 km^2$。南极大陆周围为固定冰架，一年冰的厚度多为 $(1～2)$ m；在南太平洋和印度洋流冰界分别在 50°～55°S 和 45°～55°S 之间，南大西洋则更偏北，在 43°～55°S 之间。南大洋海域经常有 22 万座冰山在海上游弋，曾观测到长 335km，宽 97km 的大冰山。南大洋中冰山的平均寿命为 13 年，是北半球冰山平均寿命的 4 倍多。

冰山和流冰的漂移方向主要受风和海流共同制约。无风时，其漂移方向与速率大致与海流相同；单纯由风引起的漂移速度约为风速的 1/50～1/40；方向则偏风矢量之左（南半球）或右方（北半球）；在强潮流区，主要受潮流制约。

我国海冰灾害主要发生于渤海、黄海北部和辽东半岛沿岸海域，以及山东半岛部分海湾。各海域的盛冰期一般为 1 月下旬至 2 月上旬。海冰可以推倒海上平台，破坏海洋工程设施和船舶，阻碍航行，影响渔业和航运。

四、海冰灾害的危害作用

海冰密度略小于海水密度，所以冰块一般都浮于海面。形状规则的海冰露出水面的高度为总厚度的 1/7～1/10，尖顶冰露出的高度达总厚度的 1/4～1/3。海冰对海洋水文要素的垂直分布、海水运动、海洋热状况及大洋底层水的形成有重要影响；对航运、建港也构成一定威胁。

漂浮在海洋上的巨大冰块和冰山，受风和洋流作用而进行运动，其推力与冰块的大小和流速有关。根据 1971 年冬位于我国渤海湾新"海二井"平台的观测结果计算得出，一块 $6km^2$，高度为 1.5m 的大冰块，在流速不太大的情况下，其推力可达 4000t，足以推倒石油平台等海上工程建筑物。

海冰的抗压强度主要取决于海冰的盐度、温度和冰龄。通常新冰比老冰的抗压强度大，低盐度的海冰比高盐度的海冰抗压强度大，所以海冰不如淡水冰密度坚硬，在一般情况下海冰坚固程度约为淡水冰的 75％，人在 5cm 厚的河冰上面可以安全行走，而在海冰上面安全行走则需有 7cm 厚的冰。当然，冰的温度愈低，抗压强度也愈大。1969 年渤海特大冰封时期，为解救船只，空军曾在 60cm 厚的堆积冰层上投放了 30kg 炸药包，最终没能炸破冰层。

海冰对港口和海上船舶的威胁，除上述推压力外，还有海冰胀压力造成的破坏。经计算，海冰温度每降低 1.5℃，1000m 长的海冰就能膨胀出 0.45m，这种胀压力可以使冰中的船只变形受损；此外，还有海冰的竖向力，冻结在海上建筑物的海冰，受潮汐升降引起的竖向力，往往会对建筑物基础造成破坏。

海冰运动时的推力和撞击力都是巨大的，1912 年 4 月"泰坦尼克"号客轮撞击冰山，遭到灭顶之灾，是 20 世纪海冰造成的最大灾难之一。我国 1969 年渤海特大冰封期间，流冰摧毁了由 15 根 2.2cm 厚锰钢板制作的直径 0.8m、长 41m、打入海底 28m 深的空心圆筒桩柱全钢结构的"海二井"石油平台，另一个重 500t 的"海一井"平台支座拉筋全部被海冰割断，可见海冰的破坏力对船舶、海洋工程建筑物带来的危害是多么严重。

我国结冰海区的海冰灾害大致可归结为：①海冰封锁港口、航道，使港口不能正常使用，大量增加使用破冰船破冰引航的经费；②推倒海上石油平台，破坏海洋工程设施、航道设施，或撞坏船舶造成重大海难；③阻碍船舶航行，碰坏螺旋桨或船体，使之失去航行能力；④使渔业休渔期延长和破坏海水养殖设施、场地等。

五、减轻海冰灾害措施

1. 海冰监测

国家海洋局利用多种技术开展立体海冰观测，密切关注冰情演变，全方位采集海冰以及大气和海洋实时观测资料。依托卫星遥感、飞机航测、雷达、船舶和海洋站监测渤海冰情变化的同时，还组织渤海沿岸和环绕渤海海域的破冰船海冰调查。

2. 海冰预报

国家海洋环境预报中心自 1969 年开始研究并发布我国渤、黄海区的海冰预报。40 多年来，海冰预报为海上航运、海洋石油、海洋水产养殖和捕捞等部门提供安全生产保障，在防灾减灾工作中发挥了重要作用。目前，可根据大气环流形势、气温、冷空气活动以及海水温度、盐度、海流等相关气象、水文资料，采用经验统计方法和数值预报方法制作海冰预报。

3. 海冰应急预警管理系统

由国家海洋局组织专家编制完成的《风暴潮、海啸、海冰灾害应急预案》和《赤潮灾害应急预案》，于 2005 年 12 月 7 日通过了国务院的审议，并被确定为《国家突发公共事件总体应急预案》的部门预案之一。11 月 15 日，国家海洋局正式印发并实施了这两个预案。

第七节　赤　潮　灾　害

一、赤潮的概念

赤潮是在特定的环境条件下，海水中某些微小浮游植物、原生动物或细菌爆发性增殖或高度聚集而引起水体变色的一种有害生态现象。赤潮是一个历史沿用名，它并不一定都是红色。赤潮发生的原因、种类和数量的不同，水体会呈现不同的颜色，有红颜色或砖红颜色、绿色、黄色、棕色等。值得指出的是，某些赤潮生物（如膝沟藻、裸甲藻、梨甲藻等）引起赤潮有时并不引起海水呈现任何特别的颜色。赤潮不仅给水体生态环境造成危害，也给渔业资源和生产造成重大经济损失，而且还给旅游业和人类带来了危害，已成为全球性的海洋灾害之一。美国、日本、中国、加拿大、法国、瑞典、挪威、菲律宾、印度、印度尼西亚、马来西亚、韩国等30多个国家和地区赤潮发生都很频繁。

判断观测海域是否发生赤潮，通常有两个判别要素，两个要素同时成立方可视为赤潮，二者缺一不可：一是海水改变颜色，二是海水颜色的改变是由高度密集的赤潮生物引起的。赤潮海域海水颜色一般不均匀，颜色改变的水体呈条带状、块状或不规则形状分布在海面。

二、赤潮的分类

世界沿海国家所发生的赤潮多种多样，按不同的分类依据可分为多种类型。如依据引发赤潮的生物种类多少，可分为单相型赤潮（由一种赤潮生物引发）、双相型赤潮（由两种赤潮生物引发）和复合型赤潮（由两种以上赤潮生物引发）。依据赤潮生物的来源可分为外来型赤潮和原发型赤潮。为便于公众实施应急防治措施，依据是否有赤潮毒素可将赤潮分为有毒赤潮和无毒赤潮两类。

（一）根据赤潮生物毒性分类

根据赤潮生物毒性可分为有毒赤潮和无毒赤潮两类。有些赤潮生物体内含有某种赤潮毒素或能分泌出赤潮毒素，这类有毒赤潮生物引发的赤潮为有毒赤潮。有毒赤潮一旦形成，可对赤潮海域的生态系统、海洋渔业、海洋环境以及人体健康造成不同程度的危害。

无毒赤潮是指赤潮生物体内不含有毒素，又不分泌毒素的生物为主形成的赤潮。无毒赤潮对海洋生态、海洋渔业不产生毒害作用，但也会产生不同程度的危害。

（二）根据赤潮生物的来源分类

根据赤潮生物来源，分为外来型和原发型赤潮。

外来型赤潮：是属外源性的，即赤潮并非是在原海域形成的，而是在其他水域形成后由于外力（如风、浪、流等）的作用而被带到该海区。这类赤潮往往来去匆匆，持续时间短暂或者还具有"路过性"的特点。

原发型赤潮：是在某一海域具备了发生赤潮的各种理化条件时，某种赤潮生物就地爆发性增殖所形成的赤潮。此类赤潮地域性明显，通常也可持续较长时间，如果环境条件没有明显改变，甚至可以反复出现。

三、赤潮的成因

赤潮是一种复杂的生态异常现象，发生的原因也比较复杂。关于赤潮发生的机理至今尚无定论。

1. 海水富营养化是赤潮发生的物质基础和首要条件

随着现代化工、农业生产的迅猛发展，沿海地区人口的增多，大量工农业废水和生活污水排入海洋，其中相当一部分未经处理就直接排入海洋，导致近海、港湾富营养化程度日趋严重。海域中氮、磷等营养盐类，铁、锰等微量元素以及有机化合物的含量大大增加，促进赤潮生物的大量繁殖。

有许多迹象表明，富营养化的海域不一定就会发生赤潮。随着研究工作的不断深入，科学家们发现，赤潮的发生除有丰富的氮、磷、硅和碳外，还必须有某些特殊的微量物质参与。这些特殊的微量物质，被称做诱发因素，已经知道的诱发因素有维生素 B_{12} 等维生素类，微量重金属铁、锰以及动物组织和脱氧核糖核酸、嘧啶、嘌呤、植物荷尔蒙等。

2. 海水养殖的自身污染亦是诱发赤潮的因素之一

随着沿海养殖业的大发展，尤其是对虾养殖业的蓬勃发展，也产生了严重的自身污染问题。在对虾养殖中，人工投喂大量配合饲料和鲜活饵料。由于养殖技术陈旧和不完善，往往造成投饵量偏大，池内残存饵料增多，严重污染了养殖水质。另一方面，由于虾池每天需要排换水，所以每天都有大量污水排入海中，这些带有大量残饵、粪便的水中含有氨氮、尿素、尿酸及其他形式的含氮化合物物，加快了海水的富营养化，这样为赤潮生物提供了适宜的生物环境，使其增殖加快，特别是在高温、闷热、无风的条件下最易发生赤潮。由此可见，海水养殖业的自身污染也使赤潮发生的频率增加。

3. 水文气象和海水理化因子的变化是赤潮发生的重要原因

海水的温度是赤潮发生的重要环境因子，20～30℃是赤潮发生的适宜温度范围。海水的化学因子如盐度变化也是促使生物因子——赤潮生物大量繁殖的原因之一，海水盐度在15～21.6时，容易形成温跃层和盐跃层。温、盐跃层的存在为赤潮生物的聚集提供了条件，易诱发赤潮。

由于径流、涌升流、水团或海流的交汇作用，使海底层营养盐上升到海水上层，造成沿海水域高度富营养化。营养盐类含量急剧上升，引起硅藻的大量繁殖。这些硅藻过盛，特别是骨条硅藻的密集常常引起赤潮。这些硅藻类又为夜光藻提供了丰富的饵料，促使夜光藻急剧增殖，从而又形成粉红色的夜光藻赤潮。据监测资料表明，在赤潮发生时，水域多为干旱少雨，天气闷热，水温偏高，风力较弱，或者潮流缓慢等水域环境。

四、赤潮的危害

1. 对海洋生态平衡的破坏

海洋是一种生物与环境、生物与生物之间相互依存，相互制约的复杂生态系统。系统中的物质循环、能量流动都是处于相对稳定、动态平衡的。当赤潮发生时这种平衡遭到干扰和破坏。在植物性赤潮发生初期，由于植物的光合作用，水体会出现高叶绿素 a、高溶解氧、高化学耗氧量。这种环境因素的改变，致使一些海洋生物不能正常生长、发育、繁殖，导致一些生物逃避甚至死亡，破坏了原有的生态平衡。

2. 赤潮对海洋渔业和水产资源的破坏

赤潮破坏鱼、虾、贝类等资源的主要原因是：破坏渔场的饵料基础，造成渔业减产；赤潮生物的异常发展繁殖，可引起鱼、虾、贝等经济生物瓣机械堵塞，造成这些生物窒息而死；赤潮后期，赤潮生物大量死亡，在细菌分解作用下，可造成环境严重缺氧或者产生硫化氢等有害物质，使海洋生物缺氧或中毒死亡；有些赤潮的体内或代谢产物中含有生物毒素，能直接毒死鱼、虾、贝类等生物。

3. 对人类健康危害

有些赤潮生物分泌赤潮毒素，当鱼、贝类处于有毒赤潮区域内，摄食这些有毒生物，虽不能被毒死，但生物毒素可在体内积累，其含量大大超过食用时人体可接受的水平。这些鱼虾、贝类如果不慎被人食用，就引起人体中毒，严重时可导致死亡。

由赤潮引发的赤潮毒素统称为贝毒，确定有 10 余种贝毒其毒素比眼镜蛇毒素高 80倍，比一般的麻醉剂，如普鲁卡因、可卡因还强 10 万多倍。贝毒中毒症状为：初期唇舌麻木，发展到四肢麻木，并伴有头晕、恶心、胸闷、站立不稳、腹痛、呕吐等，严重者出现昏迷，呼吸困难。赤潮毒素引起人体中毒事件在世界沿海地区时有发生。据统计，全世界因赤潮毒素的贝类中毒事件 300 多起，死亡 300 多人。

到 2008 年为止，世界上已有 30 多个国家和地区不同程度地受到过赤潮的危害，日本是受害最严重的国家之一。近十几年来，由于海洋污染日益加剧，中国赤潮灾害也有加重的趋势，由分散的少数海域，发展到成片海域，一些重要的养殖基地受害尤重。对赤潮的发生、危害予以研究和防治，涉及生物海洋学、化学海洋学、物理海洋学和环境海洋学等多种学科，是一项复杂的系统工程。

五、赤潮的预防

为保护海洋资源环境，保证海水养殖业的发展，维护人类的健康。避免和减少赤潮灾害，结合实际情况，对预防赤潮灾害采取相应的措施及对策。

1. 控制污水入海量，防止海水富营养化

海水富营养化是形成赤潮的物质基础。携带大量无机物的工业废水及生活污水排放入海是引起海域富营养化的主要原因。我国沿海地区是经济发展的重要基地，人口密集，工农业生产较发达。然而也导致大量的工业废水和生活污水排入海中。据统计，占全国面积不足 5％的沿海地区每年向海洋排放的工业废水和生活污水近 70 亿 t。随着沿海地区经济的进一步发展，污水入海量还会增加。因此，必须采取有效措施，严格控制工业废水和生活污水向海洋超标排放。按照国家制定的海水标准和海洋环境保护法的要求，对排放入海的工业废水和生活污水要进行严格处理。

控制工业废水和生活污水向海洋超标排放，减轻海洋负载，提高海洋的自净能力，应采取如下措施：①实行排放总量和浓度控制相结合的方法，控制陆源污染物向海洋超标排放，特别要严格控制含大量有机物和富营养盐污水的入海量；②在工业集中和人口密集区域以及排放污水量大的工矿企业，建立污水处理装置，严格按污水排放标准向海洋排放；③克服污水集中向海洋排放，尤其是经较长时间干旱的纳污河流，在径流突然增大的情况下，采取分期分批排放，减少海水瞬时负荷量。

2. 建立海洋环境监视网络，加强赤潮监视

我国海域辽阔，海岸线漫长，仅凭国家和有关部门力量，对海洋进行全国监视是很难做到。有必要把目前各主管海洋环境的单位，沿海广大居民，渔业捕捞船，海上生产部门和社会各方面力量组织起来，开展专业和群众相结合的海洋监视活动，扩大监视海洋的覆盖面，及时获取赤潮和与赤潮有密切关系的污染信息。监视网络组织部门可根据工作计

划，组织各方面的力量对赤潮进行全面监视。特别是赤潮多发区、近岸水域、海水养殖区和江河入海口水域要进行严密监视，及时获取赤潮信息。一旦发现赤潮和赤潮征兆，监视网络机构可及时通知有关部门，有组织有计划地进行跟踪监视监测，提出治理措施，千方百计减少赤潮的危害。

3. 加强海洋环境的监测，开展赤潮的预报服务

为使赤潮灾害控制在最小限度，减少损失，必须积极开展赤潮预报服务。众所周知，赤潮发生涉及生物、化学、水文、气象以及海洋地质等众多因素，目前还没有较完善的预报模式适应于预报服务。因此，应加强赤潮预报模式的研究，了解赤潮的发生、发展和消衰机理。为全面了解赤潮的发生机制，应该对海洋环境和生态进行全面监测，尤其是赤潮的多发区，海洋污染较严重的海域，要增加监测频率和密度。当有赤潮发生时，应对赤潮进行跟踪监视监测，及时获取资料。在获得大量资料的基础上，对赤潮的形成机制进行研究分析，提出预报模式，开展赤潮预报服务。加强海洋环境和生态监测一是为研究和预报赤潮的形成机制提供资料；二是为开展赤潮治理工作提供实时资料；三是以便更好地提出预防对策和措施。

4. 科学合理地开发利用海洋

调查资料表明，近几年赤潮多发生于沿岸排污口，海洋环境条件较差，潮流较弱，水体交换能力较弱的海区，而海洋环境状况的恶化，又是由于沿岸工业、海岸工程、盐业、养殖业和海洋油气开发等行业没有统筹安排，布局不合理造成的。为避免和减少赤潮灾害的发生，应开展海洋功能区规划工作，从全局出发，科学指导海洋开发和利用。对重点海域要作出开发规划，减少盲目性，做到积极保护，科学管理，全面规划，综合开发。另外，海水养殖业应积极推广科学养殖技术，加强养殖业的科学管理，控制养殖废水的排放，保持养殖水质处于良好状态。

5. 搞好社会教育和宣传

赤潮一旦发生，其后果相当严重。因此，要经常通过报刊、广播、电视、网络等各种新闻媒介，向全社会广泛开展关于赤潮的科普宣传，通过宣传教育，增强抗灾防灾的意识能力。同时也呼吁社会各方面在全面开发海洋的同时，高度重视海洋环境的保护，提高全民保护海洋的意识。只有保护好海洋，才能不断向海洋索取财富，反之，将会带来不可估量的损失。

第八节 海平面上升

一、海平面及其变化概念

1. 海平面

海平面（sea level）是地球海面的平均高度，指在某一时刻假设没有潮汐、波浪、海涌或其他扰动因素引起的海面波动，海洋所能保持的水平面。基于人类对海水表面位置的传统观念，为了确定大地测量高程的零点，人们假定在一定长的时间周期内，海水表面的平均高程是静止不动的。这个海水表面的平均高程就是平均海平面，它可以作为大地测量

的基准面。陆地上各个点同这个基准面的相对高程，就是各个点的绝对高程，又叫海拔高程。根据各个点的海拔高程可以编绘地形图，平均海平面成为地形图上的零点高程。未受扰动的海平面称为大地水准面。它代表在各种不同时空尺度范围内，由内外压力所决定的一个等势面，这种内外压力共同作用的结果，导致海平面不是水平的（Cartwright and Crease，1963；Kidaon and Heyworth，1979）。Carey（1980）指出，从全球范围来看，大地水准面是个南北不对称的扁椭球体，其表面有几个显著的凹陷和凸起。例如，印度洋中心海平面和东太平洋的海平面高度相差 100 多 m（每千米相差约 15mm）。引起大地水准面变化的因素：岩石圈荷重的变化、区域水平衡的变化和洋盆的形状、构造变化等。

我国海平面起算点（或者叫高程零点），设在山东省青岛市海军一号码头上的验潮站内。青岛地处我国地理纬度的中段，为花岗岩地区，地壳比较稳定。海军一号码头验潮站，验潮时间长，资料连续而丰富，因此通过科学的方法计算出日平均海平面、月平均海平面、多年平均海平面，是相对稳定可靠的，当然这个测算过程是比较复杂的。经过国家权威部门的确认，我国高程零点——黄海平均海平面，在 1954 年就确定下来，并投入使用。在黄海平均海平面确定的同时，还在青岛观象山上，设置了水准测点，这个水准测点高出黄海平均海平面 72.289m，是用特殊材料做成的，因此极为稳定。在青岛市区又建立若干副点，组成水准测点网，中国的高程测量起算零点就这样建立起来了。在观察海平面的变化中，高程零点起着非常重要的作用，它能非常准确客观描绘出大自然的细微变化。

2. 海平面变化

海平面变化是由海水总质量、海水密度和海盆形状改变引起的平均海平面高度的变化。在当今全球气候变暖背景下，极地冰川融化、上层海水变热膨胀等原因，全球海平面呈上升趋势。海平面上升是一种缓发性的自然灾害，已经成为海岸带的重大灾害。海平面上升将淹没滨海低地，破坏海岸带生态系统，加剧风暴潮、海岸侵蚀、洪涝、咸潮、海水入侵与土壤盐渍化等灾害，威胁沿海基础设施安全，给沿海地区经济社会发展带来多方面的不利影响。2001 年，由于海平面上升，太平洋岛国图鲁瓦举国移民新西兰，成为世界上首个因为海平面上升而全民迁移的国家。如果海平面上升 1m，全球将会有 $500 \times 10^4 \text{km}^2$ 的土地被淹没，会影响世界 10 多亿人口和三分之一的耕地。同时，根据 IPCC 第四次评估报告的结论，即使温室气体浓度趋于稳定，人为增暖和海平面上升仍会持续数个世纪。

中国沿海地区经济发达、人口众多，是易受海平面上升影响的脆弱区。2017 年，国家海洋局组织开展了海平面监测、分析预测、海平面变化影响调查及评估等业务化工作，监测和分析结果表明：1980—2017 年中国沿海海平面上升速率为 3.3mm/a，高于同期全球平均水平；2017 年中国沿海海平面为 1980 年以来的第四高位；高海平面加剧了中国沿海风暴潮、洪涝、海岸侵蚀、咸潮及海水入侵等灾害，给沿海地区人民生产生活和社会经济发展造成了一定影响。

对于全球海平面变化的研究，目前主要依靠验潮站或者全球海平面观测系统以及卫星高程监测。验潮数据是监测海平面变化的重要数据。目前全球分布有 2000 多个验潮站，其数据采集的时间序列从几十年到几百年不等。全球海平面观测系统（GLOSS）的核心工作网（GCN，也被称作 GLOSS 02）就是由分布在全球的 290 个验潮站组成。这些验潮站对全球海平面变化趋势和上升速率进行监测，并为长期气候变化研究提供帮助，如为 IPCC 提供数据支持等。

许多学者利用验潮站观测数据计算出 20 世纪海平面升高范围（表 3.10）。由于选取的验潮站数量和时间序列不同，结论差异很大，即使选取相同的时间段和验潮站数量，由于使用不同的模型和计算方法，得出的结果也不一样。

表 3.10 利用验潮站数据对海平面上升的估算

海平面升高/（mm/a）	误差/（mm/a）	数据时段/年	潮站数量	研究者或研究小组
1.43	±0.14	1881—1980	152	Barnett（1984）
2.27	±0.23	1930—1980	152	Barnett（1984）
1.2	±0.3	1880—1982	130	Gomitz & Lebedeff（1987）
2.4	±0.9	1920—1970	40	Peltier & Tushingham（1989）
1.75	±0.13	1900—1979	84	Trupin & Wahr（1990）
1.7	±0.5	N/A	N/A	Nakiboglu & Lanbeck（1991）
1.8	±0.1	1880—1980	21	Douglas（1991）
1.62	±0.38	1807—1988	213	Unal & Ghil（1995）

注 N/A 表示数据缺失。

二、海平面上升的原因

海平面上升从成因看可分为气候变暖引起的全球海平面上升（也称绝对海平面上升）和区域性相对海平面上升两种。前者是由于全球温室效应引起气温升高，海水增温引起的水体热膨胀和冰川融化所致；后者除绝对海平面上升外，主要还由沿海地区地壳构造升降、地面下沉及河口水位趋势性抬升等所致。

影响海平面变化的因素有很多，主要有四大类：①气候变化引起海水数量和体积变化；②地壳运动引起洋盆容积变化；③大地水准面-海平面变化；④动力海平面变化。人类活动出现以前，海平面的变化主要受自然因素的影响；人类活动出现以后，海平面的变化就受到了人为因素的影响。特别是 18 世纪末工业革命后，人类大量使用化石燃料，导致向大气中排放的 CO_2 等温室体的数量剧增，使得全球气候变暖。年平均气温上升不仅使冰川融化增加海水数量，而且还使海水受热膨胀体积增加，因而使得全球性的绝对海平面上升。区域性的相对海平面上升的情况就更复杂，相对海平面上升不仅包括绝对海平面上升的因素，还与当地的地理构造和海洋气象条件等有关。例如地壳的垂直形变、地面沉降、厄尔尼诺、南方涛动和黑潮大弯曲现象，降水量和河流入海径流量等。

1. 全球气候变暖

全球性的气候变暖是海平面上升最根源的因素。

人类活动对环境以及人类生活本身的最明显影响出现在工业革命以后。现代工农业的迅速发展，使大气中二氧化碳（CO_2）以及其他微量气体（NO_2、CH_4 等）增加，产生温室效应，并引起全球气候变暖。这种气候变化的影响在广度上是全球性的，在深度上几乎影响到人类生活的各方面（水利、农业、海岸防护、城市等），故称为全球性环境灾害。

近百年来大气中二氧化碳及其他微量气体的增加，几乎完全是人类燃烧化石燃料（煤、石油、天然气等）、破坏热带森林、从事农业活动等所引起的。

首先，全球气候变暖使海水受热发生膨胀，就拿100m厚的海水层来说，当温度为25℃时，水温每增加1℃，水层就将会膨胀约0.5cm。海水的热膨胀是导致海平面上升最主要的因素。

其次，全球气候变暖导致格陵兰冰原和南极冰盖，以及山地冰川的加速融化也是造成海平面上升的主要原因之一。据估计，格陵兰冰原过去十年平均每年融化的冰原约有30300亿t左右，南极冰盖平均每年融化11800亿t。由于气候原因，2003—2009年间，许多小型陆地冰川都加速融化，尤其高山冰川的融化速度明显超过大型冰盖。

2. 区域性地面沉降

由于区域性构造运动（包括地壳均衡运动）和地面沉降（人类过量开采地下水引起）等的差异，不同岸段的海平面变化差异显著。有的地方相对海平面的上升速率远远大于全球海平面的上升速率。例如，长江三角洲位于地壳下沉带，近2000年来，地壳下沉速率为1.3mm/a（潘凤英等，1985），加之大量开采地下水引起的地面下沉，20世纪海平面的上升速率：1912—1936年为2.5mm/a（任美锷和张忍顺，1993），1952—1995年为3.1mm/a（王卫强等，1998）；今后相对海平面上升速率的预测值为7.5～8.5mm/a（秦曾灏和李永平，1997）。实测值和预测值（均以吴淞站为代表）都大于全球海平面上升速率。相反，也有不少地方相对海平面是下降的或海平面的上升速率小于全球海平面上升速率。

最近100年来，荷兰的相对海平面上升了15～20cm，其中地面沉降是个重要因素。一方面该地区地壳最近时期以来持续下降，沉降量估计为每百年1.5cm，另一方面是荷兰位于斯堪的纳维亚第四纪大冰盖的南缘，冰盖后退融化，陆地上覆压力减小，斯堪的纳维亚陆地回弹上升，由于地壳不均衡作用，引起荷兰等边缘地区地面沉降。

地震常使沿海地区大幅度沉降。例如，1976年7月唐山地震使地震断层向海一侧地面明显沉降，最大沉降量达1.55m（宁河），天津市沿海的汉沽、塘沽和大港一带均沉降0.2～0.5m，天津新港震后最大沉降达1.2m。福建沿海地震常导致海岸的明显差别升降。

人们过量开采地下水、石油、天然气等资源，也会造成地面沉降及海平面上升。英国东南部由于过量开采地下水，发生大范围地面沉降，近2000年间沉降约6m，每100年间下沉30cm，致使海平面上升。在古罗马时代，伦敦泰晤士河上的潮汐只达到现今的伦敦桥附近，而今潮汐已达到离伦敦桥29km的河流上游。伦敦约有78km² 面积的城区经常遭受高位潮汐引起的洪水袭击，如在1736年，西明斯特霍曾被洪水淹没深达61m；1928年，2m高的海潮漫过泰晤士河河堤，淹没了伦敦市中心；1953年，因伦敦下游防洪工程缺口，洪水又一次袭击伦敦市中心。更为严重的是，目前伦敦有117km²、120万居民位于1953年洪水潮位线以下地区，若防洪工程出现问题，比1953年更大的洪水将再次袭击伦敦，估计经济损失将达20亿～30亿美元。近2000年间，随着伦敦地面发生下沉，该市已多次遭到海潮袭击，泛滥成灾。

目前世界范围内，凡由于过量开采地下水导致地面大量沉降的地方，相对海平面上升率均较大。例如曼谷由于过量开采地下水，1960—1982年间当地海平面上升约36cm，即年平均上升 15.6mm。

2015 年，美国宇航局（NASA）发布最新预测称，鉴于目前所知海洋因全球变暖及冰盖和冰川增加水量融化导致海洋膨胀，未来海平面将会上升至少 1m 或更多。或许在不太遥远的未来，人类需要面对城市被淹没的风险。

三、海平面上升带来的危害

海平面上升对人类的生存和经济发展是一种缓发性的自然灾害。

1. 淹没土地

有专家发出警告，如果"预计"变成现实，那么到 21 世纪中叶，世界各地 70％现有海岸线将被海水淹没，美国 90％的现有海岸线将化为乌有。22 世纪，潜水员也许会在海底领略意大利名城威尼斯的风采。

据有关研究结果表明，当海平面上升 1m 以上，一些世界级大城市，如纽约、伦敦、威尼斯、曼谷、悉尼、上海等将面临淹没的灾难；而一些人口集中的河口三角洲地区更是最大的受害者，特别是印度和孟加拉国间的恒河三角洲、越南和柬埔寨间的湄公河三角洲，以及我国的长江三角洲、珠江三角洲和黄河三角洲等。估算表明海平面上升 1m，中国沿海将有 12 万 km^2 土地被淹没，7000 万人需要内迁。另外，海平面上升还可能导致一系列的灾害效应。

2. 海岸侵蚀加剧

海平面上升，加强了海洋动力作用，使海岸侵蚀加剧。海面上升使岸外滩面水深加大，波浪作用增强。据波浪理论，当海平面上升使岸外水深增大 1 倍时，波能将增加 4 倍，波能传速将增加 1.414 倍，波浪作用强度可增加 5.656 倍。波浪在向岸传播过程中破碎，形成具强烈破坏作用的激浪流，对海岸及海堤工程产生巨大的侵蚀作用。

3. 风暴潮加剧

风暴潮灾害位居海洋灾害之首。海平面上升使得平均海平面及各种特征潮位相应增高，水深增大，波浪作用增强，因此，海平面上升增加了大于某一值的风暴增水出现的频次，增加风暴潮成灾概率；同时，风暴潮增水与高潮位叠加，将出现更高的风暴高潮位，海平面上升使得风暴潮的强度也明显增大，加剧了风暴潮灾。从而不仅使得沿海地区受风暴潮影响的频率大大增加，同时也使得暴潮灾向大陆纵深方向发展，并降低沿海地区的防御标准和防御能力，造成更大的灾害损失。

2003 年，我国风暴潮灾害造成直接经济损失 78 亿元，死亡、失踪 25 人。监测结果表明，2001—2003 年期间，环渤海地区及江苏、海南沿海部分地区的风暴潮灾害和海岸侵蚀呈上升和加剧趋势，这与这些地区海平面相对较高有关系。渤海湾沿岸部分地区遭受风暴潮袭击，发生海水倒灌和海水漫堤现象，受淹地区积水深度达 0.5～0.8m，损失巨大。2005 年 8 月 29 日，"卡特里娜"飓风在路易斯安娜州登陆，所引发的风暴潮漫过密西西比河沿岸和庞恰特雷恩湖岸的防洪堤，致使新奥尔良 75％的区域被洪水淹没，至少1800 人丧生。直到 2006 年 7 月，这座城市的人口仍然不到飓风前的一半，新奥尔良几乎消失在灾难里。研究发现"卡特里娜"的发生与海平面上升直接相关。

4. 洪涝灾害加剧

海平面上升引起入海径流受潮流的顶托作用加强，入海河流排水能力和排水时间都大量减少，从而使得大量洪涝水量保持在闸上水体中，导致闸上水位场的变化，河渠基准面相应抬升。入海骨干河道的水位随海面上升而升高，其抬升幅度主要与距河口的距离有关。因此，海面上升后势必造成河道排水困难，低洼地排水不畅、内涝积水时间延长，导致涝灾的发生频率及严重程度增加。最近研究表明，相对海平面上升 400mm，长江三角洲及毗连地区自然排水能力将下降 20%，相对海平面分别上升 200mm、400mm、600mm，则目前珠江三角洲百年一遇的洪水将相应降至 50 年、20 年和 10 年一遇，也就是说洪涝灾害将分别增加 2.5 和 10 倍。

5. 海水入侵

海平面上升引起的海水入侵主要通过三个途径：①风暴潮时海水溢过海堤，淹没沿海陆地，潮退后滞留入渗海水蒸发，增加土壤盐分，影响农业生产；②海平面上升使得海水侧向侵入陆地，造成土壤盐碱化或破坏淡水资源；③海水沿着河流上溯，使河口段淡水氯度提高，影响沿河地区的工农业生产和居民生活用水，这在缺乏挡潮闸的各大河入海口的冬季河流枯水期表现得尤为严重。

四、应对海平面上升的措施

海平面上升作为一种缓发性海洋灾害，其长期的累积效应将加剧风暴潮、海岸侵蚀、海水入侵、土壤盐渍化和咸潮等海洋灾害的致灾程度，淹没滨海低地、破坏生态环境，给沿海地区的经济社会发展带来严重影响。为有效应对海平面上升，国家海洋局建议沿海各地政府和相关部门，根据海平面上升评估成果对堤防加高加固；合理控制采掘行为，降低海水入侵和土壤盐渍化影响程度；加强滨海湿地、红树林、珊瑚礁等生态系统的恢复和保护，形成应对海平面上升的立体防御等。沿海城市应将海平面上升纳入城市发展与综合防灾减灾规划之中，从主动避让、强化防护和有效减灾 3 个方面做好相关工作。

（1）主动避让。在确定沿海城市布局和发展方向时，应考虑海平面上升的影响。在城市总体发展规划中，人口密集和产业密布用地的布局应主动避让海平面上升高风险区，应和海平面上升高风险区保持安全距离。

（2）强化防护。在沿海城市综合防灾规划中，防潮堤、防波堤和防潮闸等防护工程的规划设计应充分考虑海平面上升幅度，提高防护标准，保障防护对象的安全。在城市生态保护规划中，应加强对滨海植被、滩涂湿地和近岸沙坝岛礁等自然屏障的保护，避免破坏植被和大挖大填等开发活动。

（3）有效减灾。在市政与基础设施规划中，水、电、气、热、信息、交通等生命线系统建设和相应备用系统配套的规划设计，应将海平面上升因素作为依据之一。在沿海城市应急避难场所和救灾物资储备库的规划设计中，应充分考虑海平面上升的风险。

此外，要加大力度节能减排，大力推广核能、太阳能、风能、水能、潮汐能等的应用，减少以致最终完全杜绝化石燃料的使用，严格控制 CO_2 等温室气体排放；加强海平面变化监测能力建设，加强海平面上升及影响对策研究，建立健全全球海平面变化监测网。

参 考 文 献

[1] 许武成. 灾害地理学 [M]. 北京：科学出版社，2015.

[2] 延军平. 灾害地理学 [M]. 西安：陕西师范大学出版社，1990.

[3] 陈颙，史培军. 自然灾害 [M]. 北京：北京师范大学出版社，2007.

[4] 李树刚. 灾害学 [M]. 北京：煤炭工业出版社，2008.

[5] 杨达源，闰国年. 自然灾害学 [M]. 北京：地质出版社，1993.

[6] 管华，李景保，许武成，等. 水文学 [M]. 北京：科学出版社，2010.

[7] 许武成，王文. 洪水等级的划分方法 [J]. 灾害学，2003，18（2）：68 - 73.

[8] 许武成，王文，黎明. 嘉陵江流域洪水等级的建议划分标准 [J]. 自然灾害学报，2005，14（3）：51 - 55.

[9] 彭广，刘立成，刘敏，等. 洪涝 [M]. 北京：气象出版社，2003.

[10] 丁一汇，张建云. 暴雨洪涝 [M]. 北京：气象出版社，2009.

[11] 徐向阳. 水灾害 [M]. 北京：中国水利水电出版社，2006.

[12] 李义天，邓金运，孙昭华，等. 河流水沙灾害及其防治 [M]. 武汉：武汉大学出版社，2004.

[13] 国家防汛抗旱总指挥部办公室，水利部南京水文水资源研究所. 中国水旱灾害 [M]. 北京：中国水利水电出版社，1997.

[14] 陈柏荣. 防汛与抗旱 [M]. 北京：中国水利水电出版社，2005.

[15] 吴健生，张朴华. 城市景观格局对城市内涝的影响研究——以深圳市为例 [J]. 地理学报，2017，72（3）：444 - 456.

[16] 许武成. 水资源计算与管理 [M]. 北京：科学出版社，2011.

[17] 冯绍元. 环境水利学 [M]. 北京：中国农业出版社，2007.

[18] 中国科学院兰州冰川冻土研究所. 中国冰川概论 [M]. 北京：科学出版社，1988.

[19] 姚檀栋，姚治君. 青藏高原冰川退缩对河水径流的影响 [J]. 自然杂志，2010，32（1）：4 - 8.

[20] 刘时银，姚晓军，郭万钦，等. 基于第二次冰川编目的中国冰川现状 [J]. 地理学报，2015，70（1）：3 - 16.

[21] 管华. 水文学（第二版）[M]. 北京：科学出版社，2015.

[22] 范纯. 水资源安全 [M]. 北京：国际文化出版公司，2014.

[23] 姜弘道. 水利概论 [M]. 北京：中国水利水电出版社，2010.

[24] 许武成，马劲松，王文. 关于 ENSO 事件及其对中国气候影响研究的综述 [J]. 气象科学，2005，25（2）：212 - 220.

[25] 许武成，王文，马劲松，等. 1951—2007 年的 ENSO 事件及其特征值 [J]. 自然灾害学报，2009，18（4）：18 - 24.

[26] 翟盘茂，李晓燕，任福民. 厄尔尼诺 [M]. 北京：气象出版社，2003.

[27] 余志豪，杨修群，任黎秀. 厄尔尼诺 [M]. 南京：河海大学出版社，2002.

[28] 李晓燕，翟盘茂. ENSO 事件指数与指标研究 [J]. 气象学报，2000，58（1）：102 - 109.

[29] 李晓燕，翟盘茂，任福民. 气候标准值改变对 ENSO 事件划分的影响 [J]. 热带气象学报，2005，21（1）：72 - 78.

[30] Philander S G H. El Niño Southern Oscillation phenomena [J]. Nature，1983，302：295 - 301.

[31] 张家诚，周魁一. 中国气象洪涝海洋灾害 [M]. 长沙：湖南人民出版社，1998.

[32] 吕学军. 自然灾害学概论 [M]. 长春：吉林大学出版社，2010.

［33］ 刘会平，潘安定. 自然灾害学导论 ［M］. 广州：广东科技出版社，2007.

［34］ 王静爱，史培军，王平，等. 中国自然灾害时空格局 ［M］. 北京：科学出版社，2006.

［35］ 丁一汇，朱定真. 中国自然灾害要览 ［M］. 北京：北京大学出版社，2013.

［36］ Curtis S，Adler R. ENSO indexes based on patterns of satellite‐derived precipitation ［J］. Journal of Climate，2000，13：2786－2793.

［37］ Wolter K，Timlin M S. Measuring the strength of ENSO events：how does 1997/98 rank？ ［J］. Weather，1998，53 （9）：315－324.

［38］ 冯士筰，李凤歧，李少菁. 海洋科学导论 ［M］. 北京：高等教育出版社，1999.

［39］ 杨世伦. 海岸环境和地貌过程导论 ［M］. 北京：海洋出版社，2003.

［40］ 刘维屏，刘广深. 环境科学与人类文明 ［M］. 杭州：浙江大学出版社，2002.